LIBRO DI MATEMATICA

ETÀ 5+

130+ PAGINE

- Traccia
- Conteggio
- Addizione
- Sottrazione
- Ore e soldi
- Esercizi
- Colorazione
- Giochi

Tutti i diritti riservati © 2022

LIBRO DI MATEMATICA

Questo libro appartiene a:

_____

_____

SCUOLA FELICE

Questo libro è progettato per consentire ai bambini (dai 5 anni in su) di acquisire una grande comprensione della matematica iniziale ed è costruito con una varietà di attività per fornire un'ampia base affinché i bambini siano confidente e pronti per la scuola.

Questo libro è facile da usare in cui i bambini miglioreranno progressivamente le loro prestazioni e rafforzeranno le loro capacità cognitive.

In questo libro ci sono molteplici esercizi come tracciare numeri (1-20), addizioni e sottrazioni, conteggio, numeri pari e dispari, doppi e metà, condivisione, di più e di meno, il maggiore e il menior, ore e soldi, forme, traccia le immagini, colorare immagini, colorare con numeri, collegare i punti, scrivere, disegno, giochi, labirinti, simmetria...ecc.

Traccia

Io traccio le linee tratteggiate

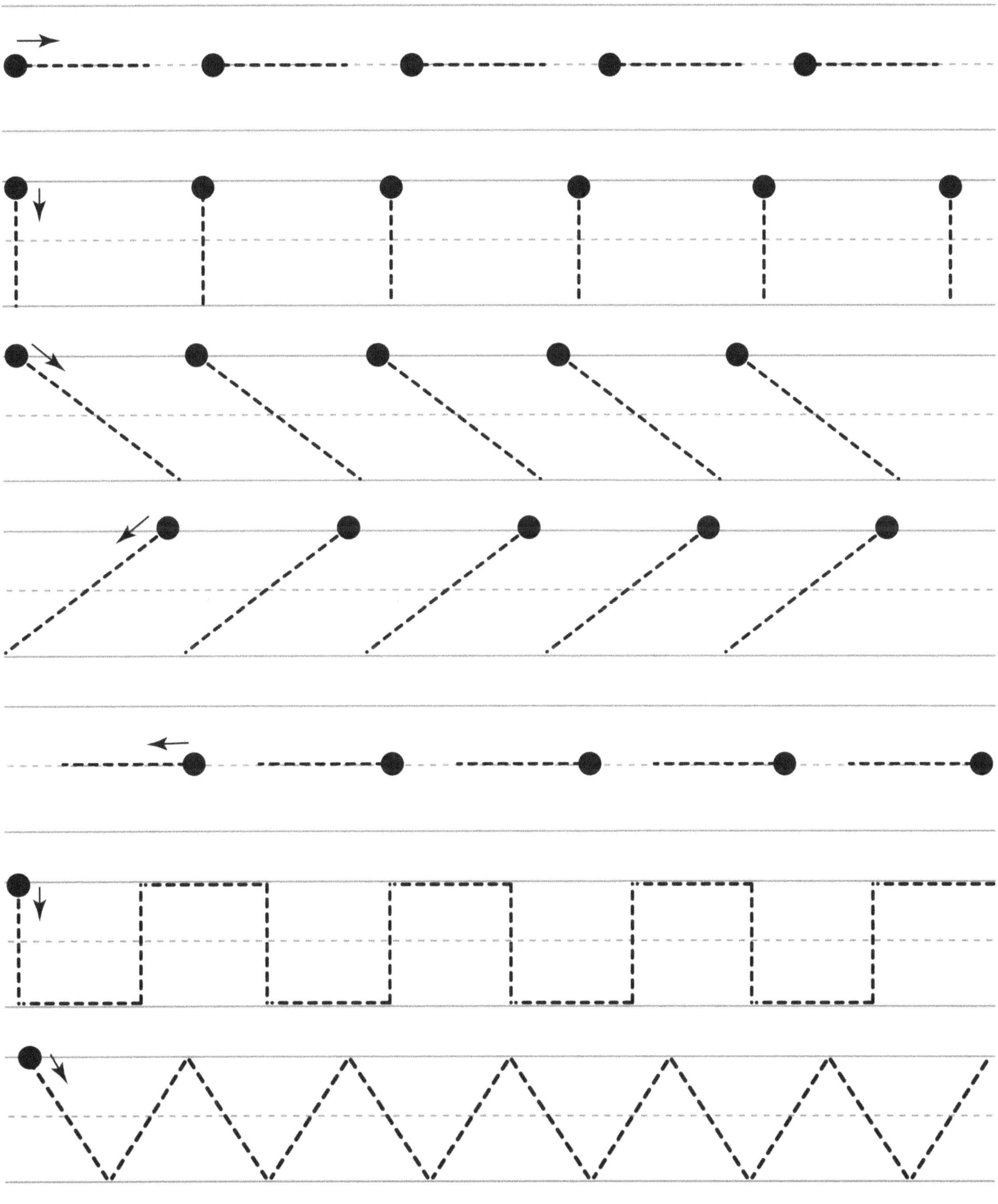

Traccia

Io traccio le linee curve

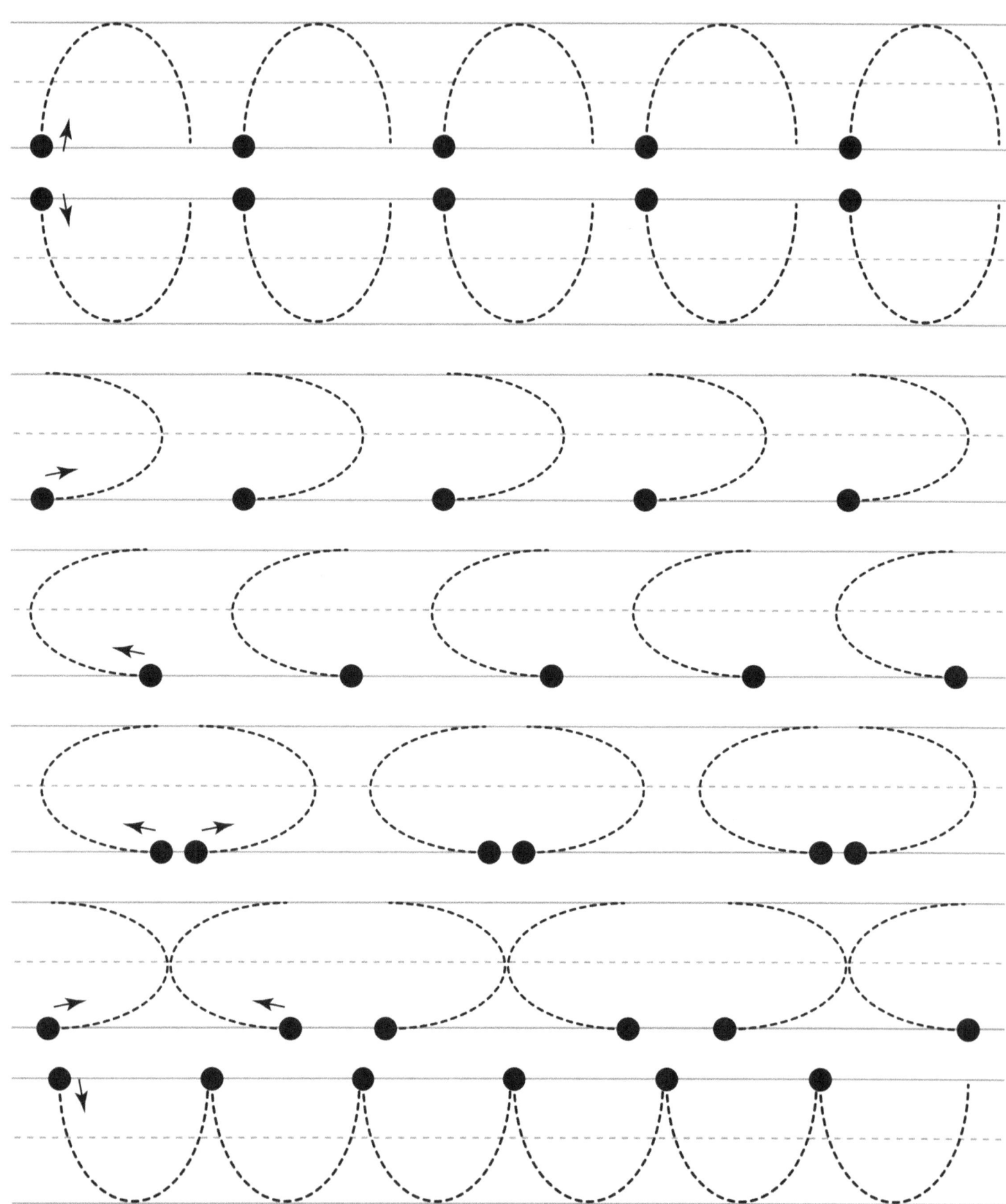

Traccia

Io traccio le forme

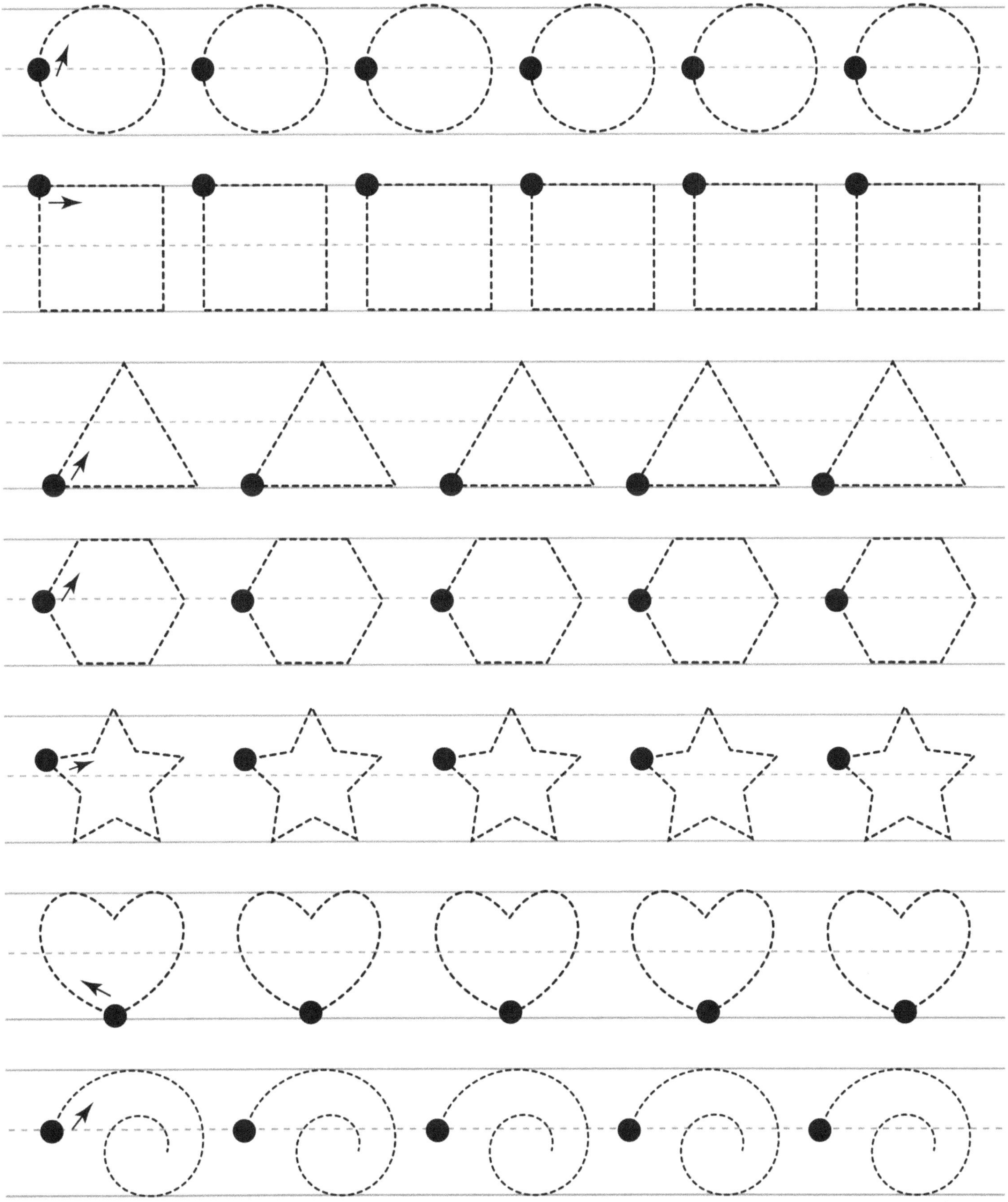

NUMERI

1 2 3
4 5 6
7 8 9
10

① 1 ② 2 ③ 3 ④ 4 ⑤ 5 ⑥ 6 ⑦ 7 ⑧ 8 ⑨ 9 ⑩ 10

1 uccello

Traccio il numero 1

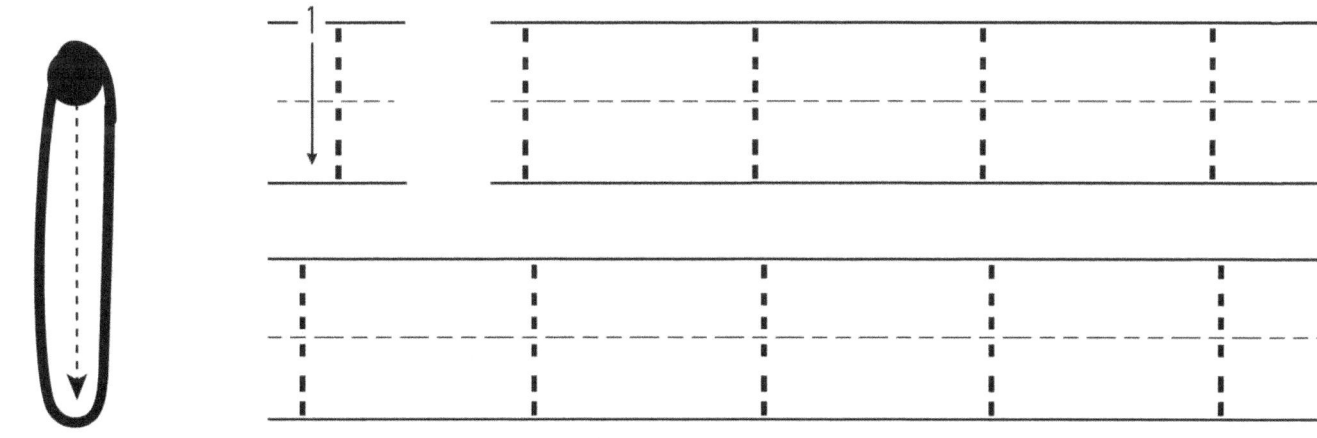

1 2 3 4 5 6 7 8 9 10

uno uno uno uno

uno uno uno uno

uno uno uno uno

Trova e colora ogni numero 1

3	4	2	3	6	5	4	3	1
1	5	6	1	4	2	6	3	5
2	4	2	5	3	4	1	6	6
1	3	5	4	1	2	5	6	2

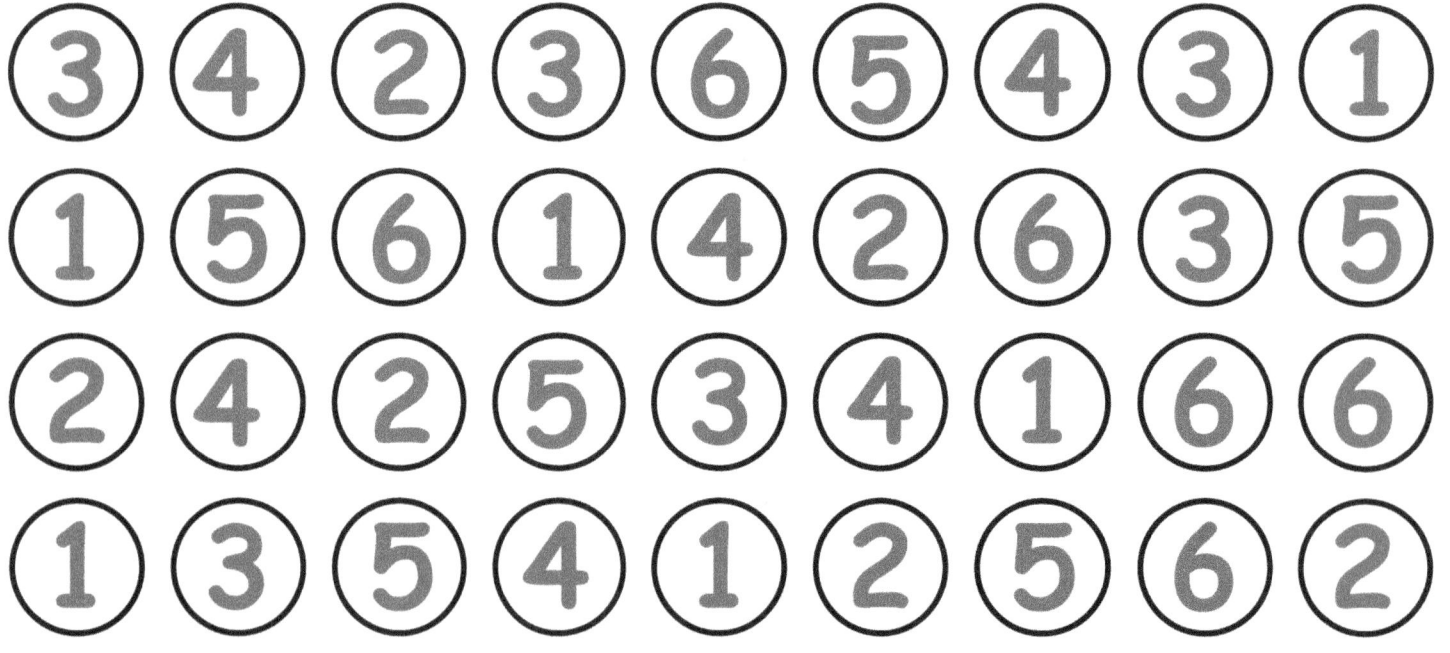

① ② ③ ④ ⑤ ⑥ ⑦ ⑧ ⑨ ⑩

2 mucche

Traccio il numero 2

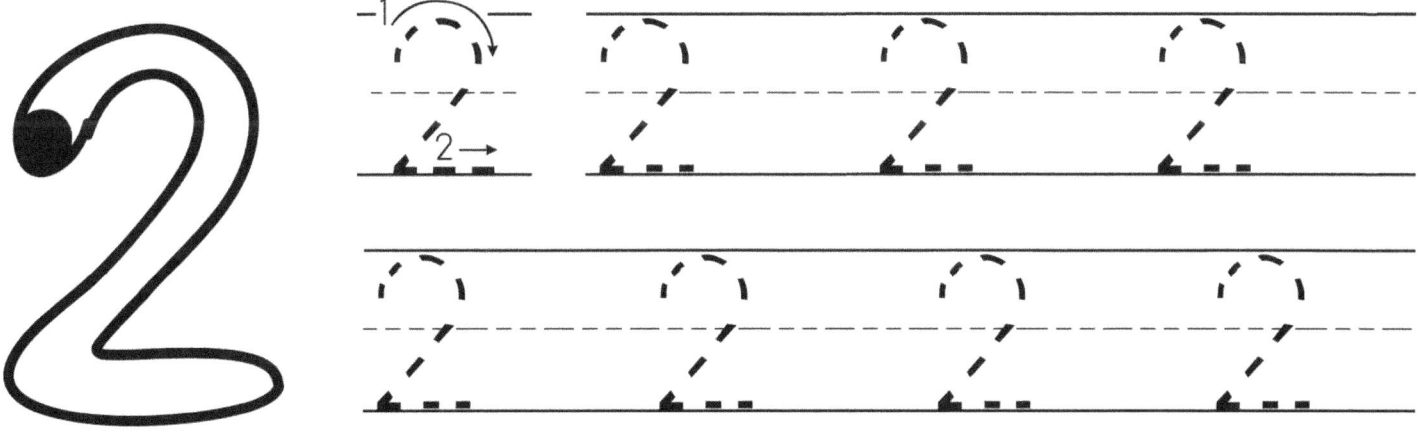

1 2 3 4 5 6 7 8 9 10

2 2 2 2 2 2

2 2 2 2 2 2

due due due due

due due due due

due due due due

Trova e colora ogni numero 2

2	4	3	3	6	5	4	3	5
5	1	6	1	4	2	6	2	1
3	4	3	5	3	4	1	6	6
1	2	5	4	1	2	5	6	2

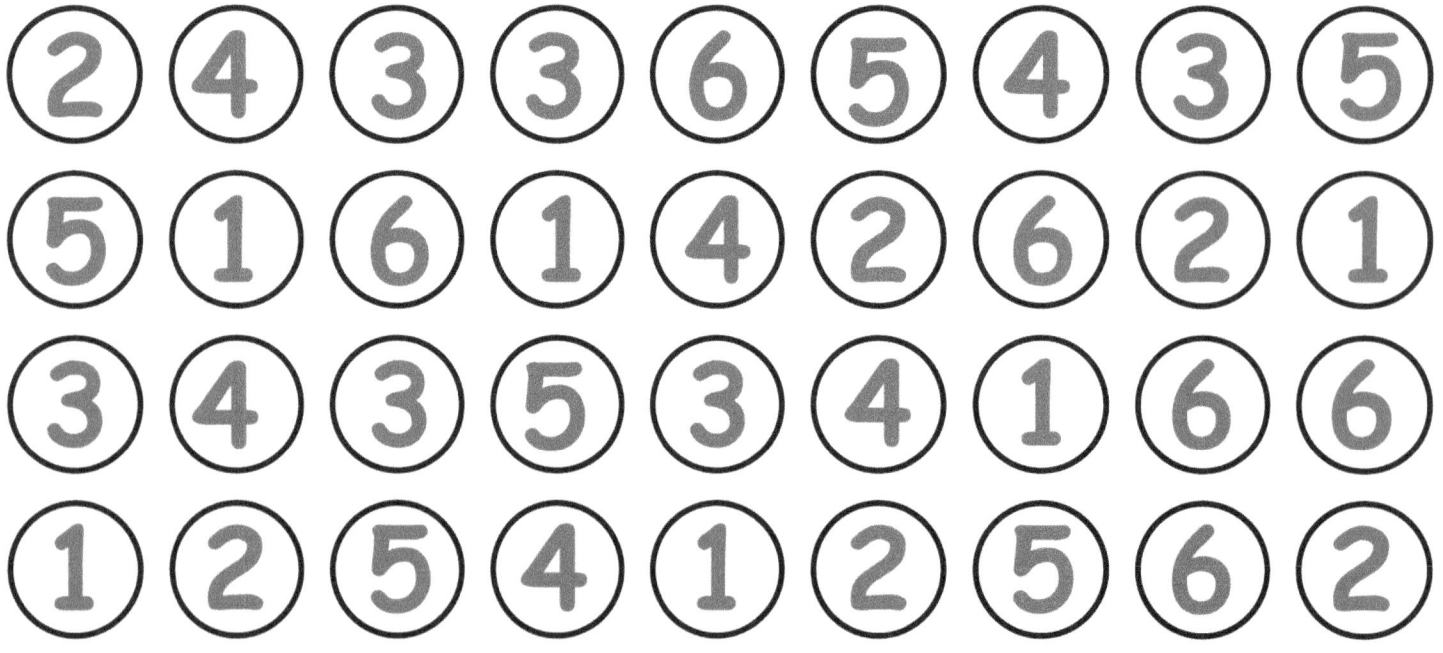

1 2 **3** 4 5 6 7 8 9 10

3 balene

Traccio il numero 3

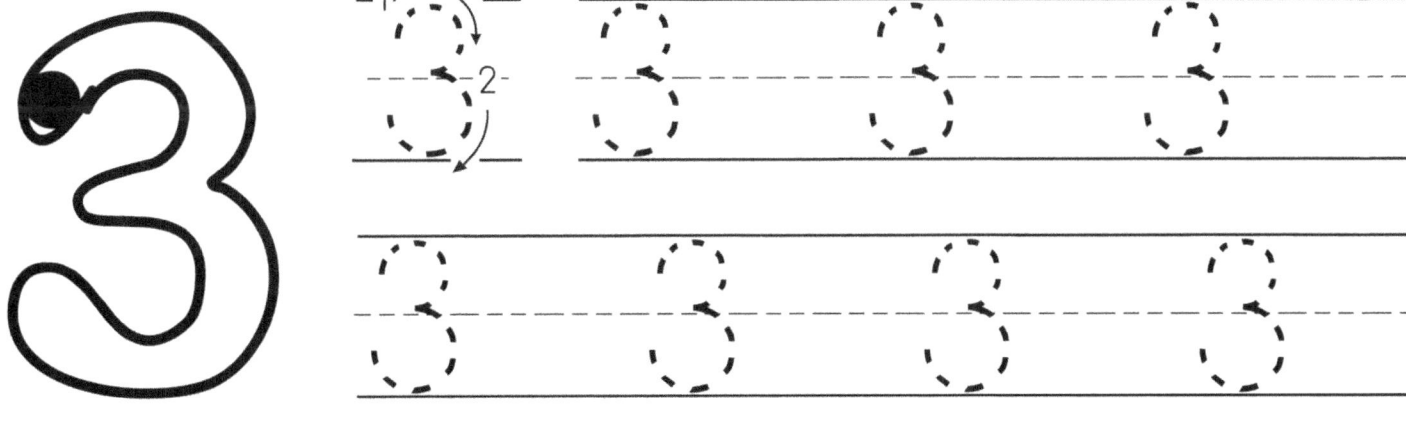

1 2 3 4 5 6 7 8 9 10

3 3 3 3 3 3

3 3 3 3 3 3

tre tre tre tre

tre tre tre tre

tre tre tre tre

Trova e colora ogni numero 3

2	4	3	3	6	5	4	3	5
5	1	6	1	4	2	6	2	1
3	4	3	5	3	4	1	6	6
1	2	5	4	1	2	5	6	2

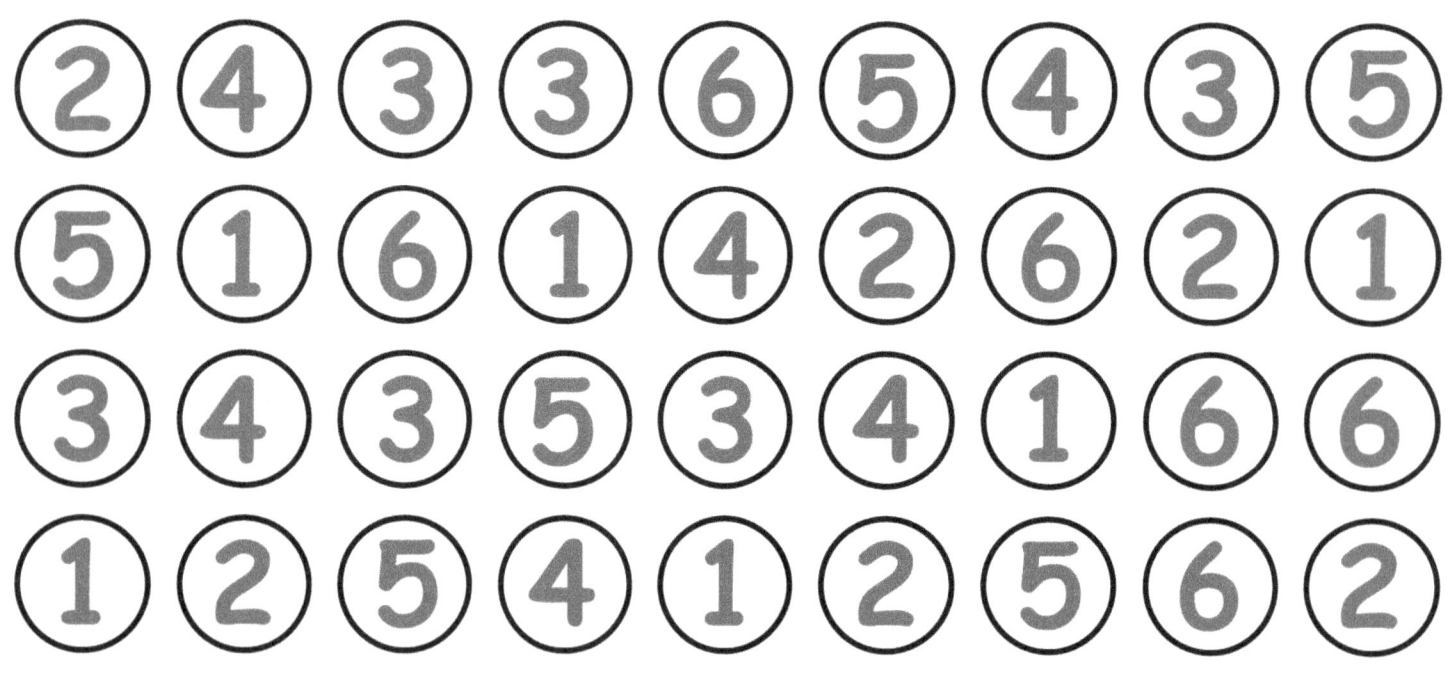

① ② ③ ④ ⑤ ⑥ ⑦ ⑧ ⑨ ⑩

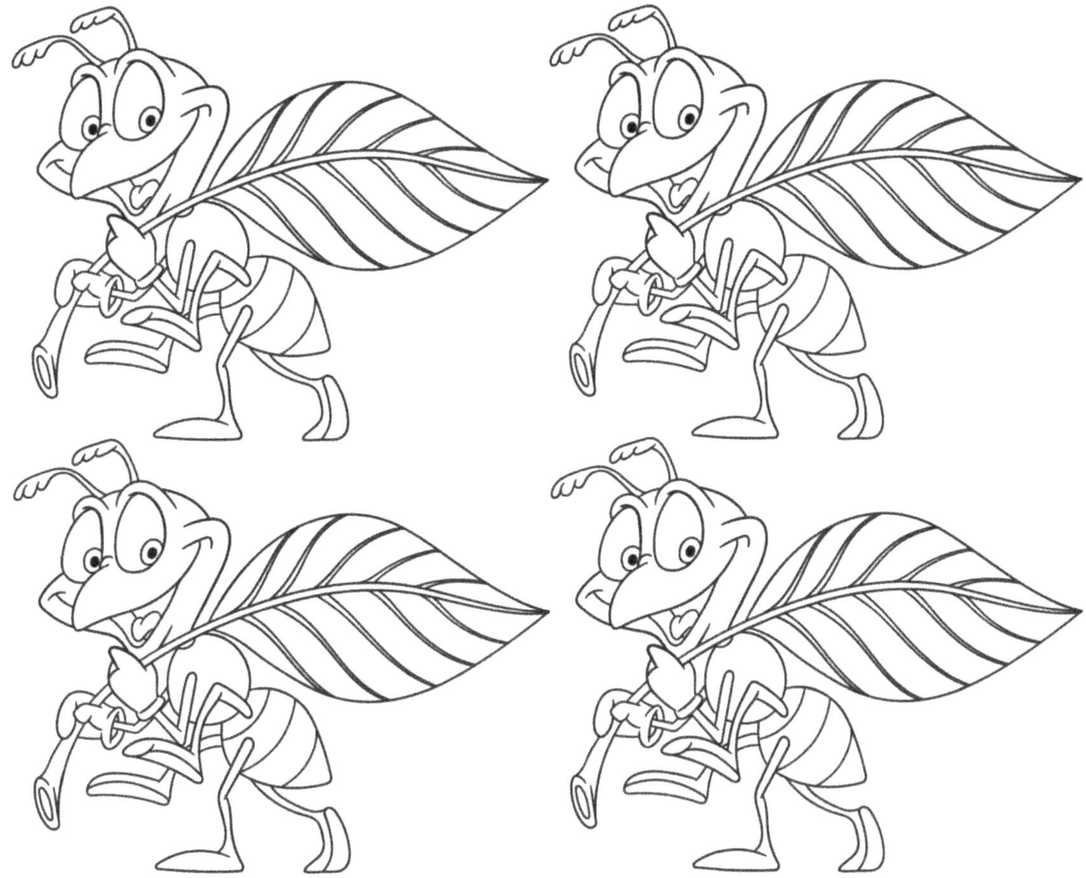

4 formiche

Traccio il numero 4

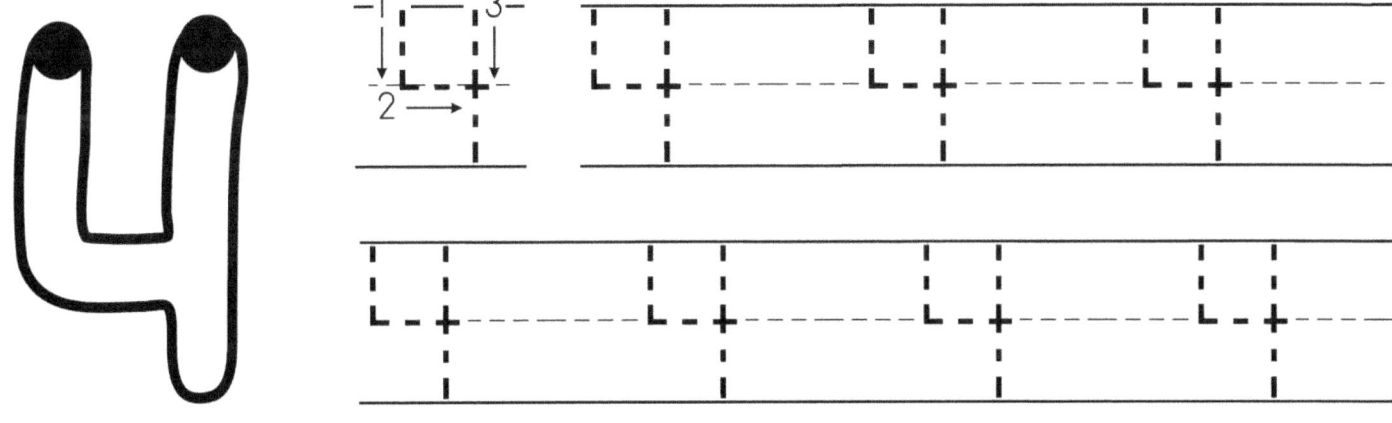

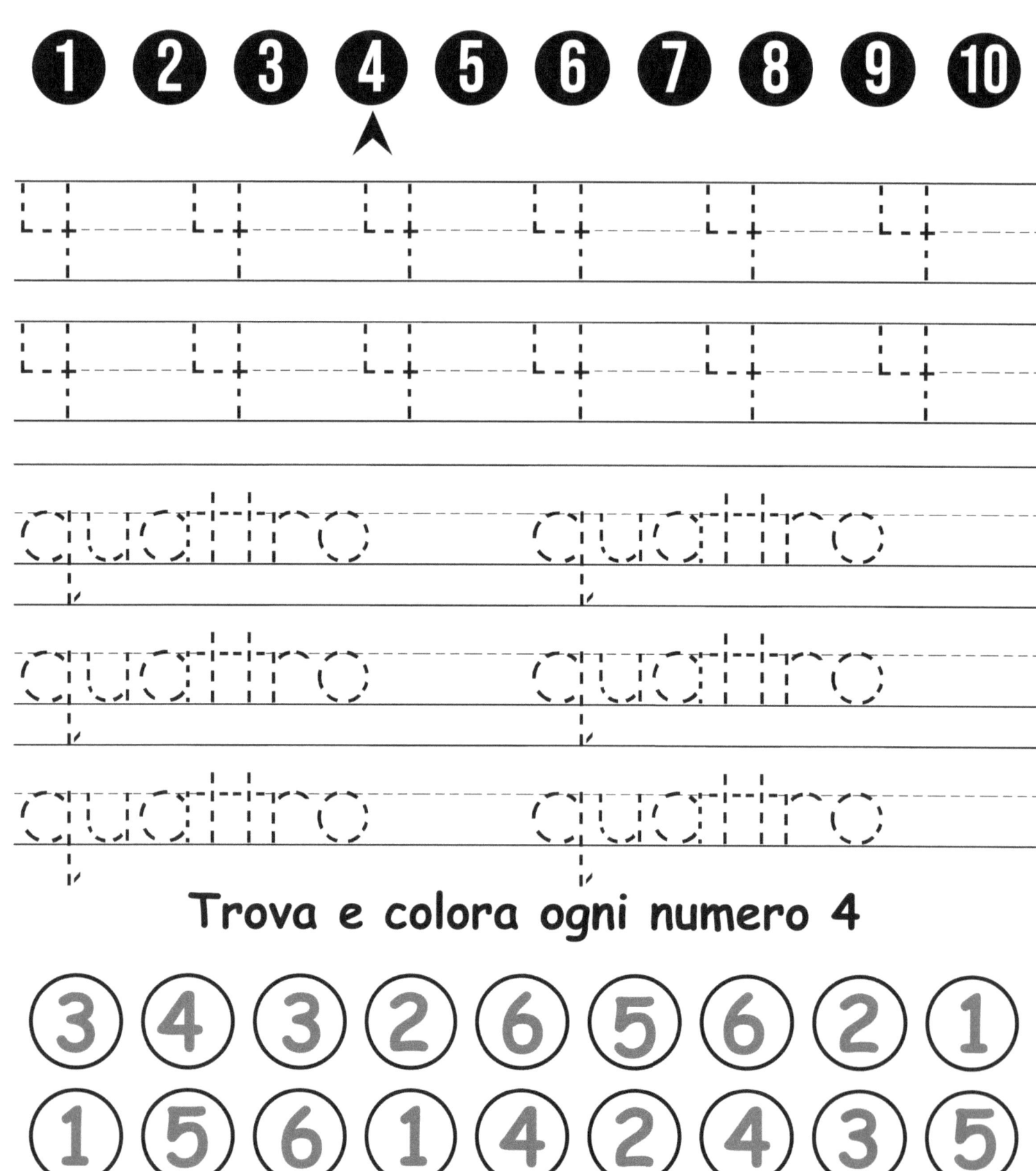

Trova e colora ogni numero 4

5 anatre

Traccio il numero 5

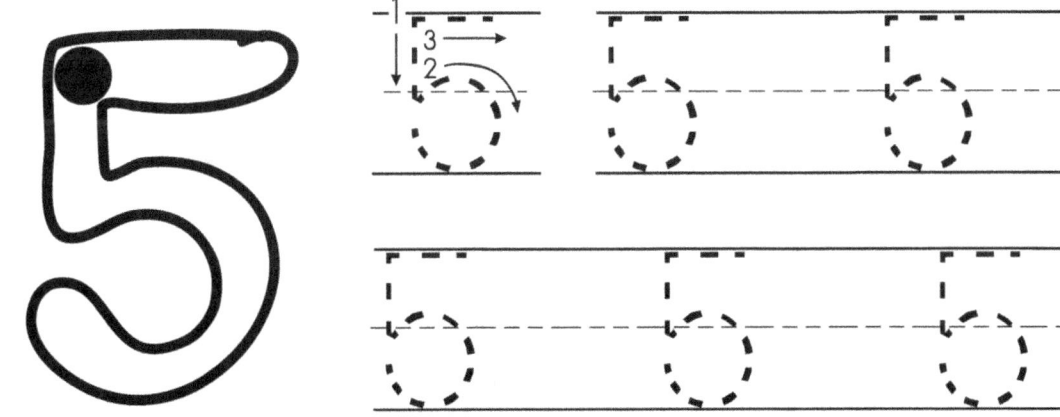

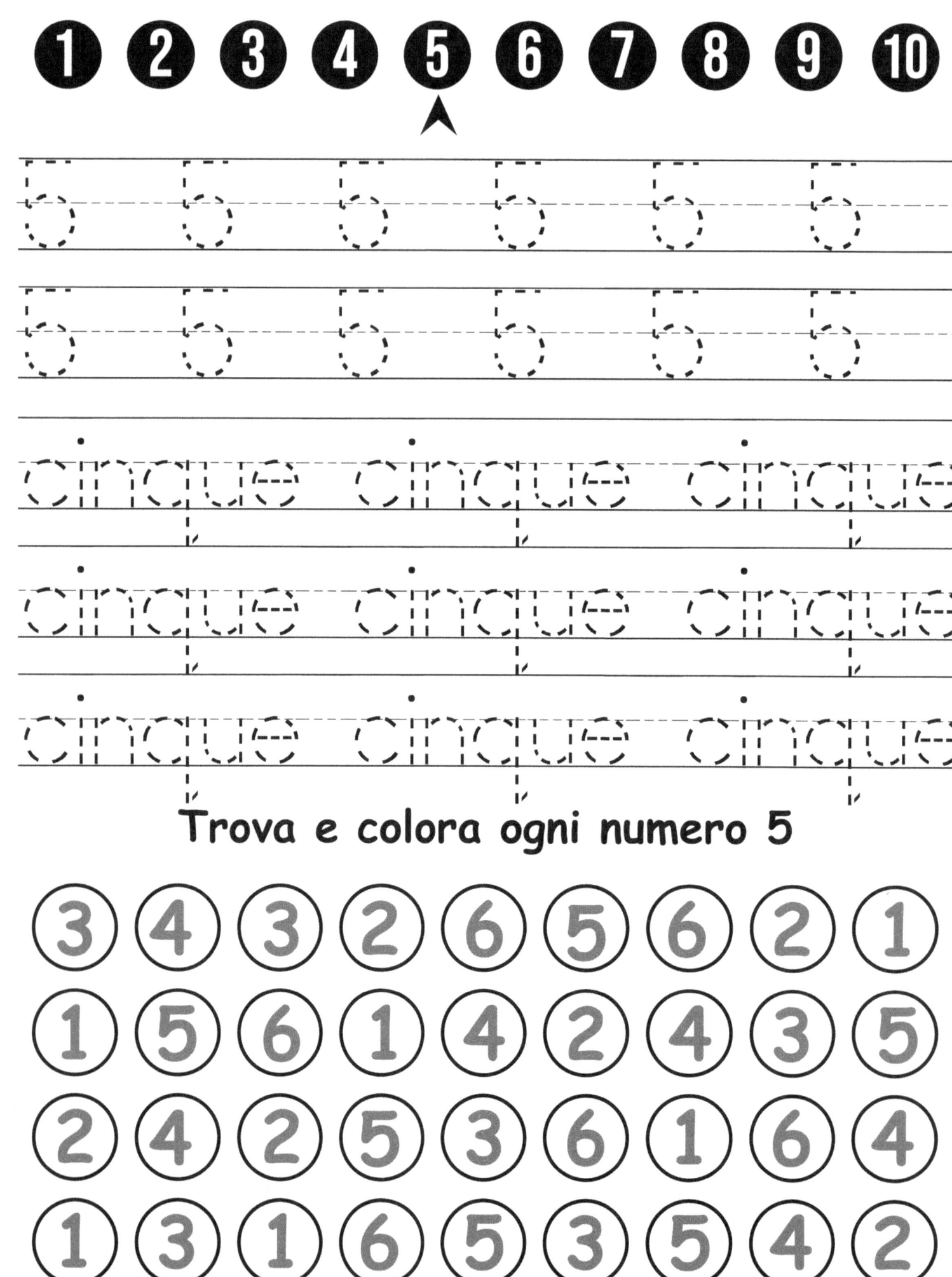

1 2 3 4 5 **6** 7 8 9 10

6 aerei

Traccio il numero 6

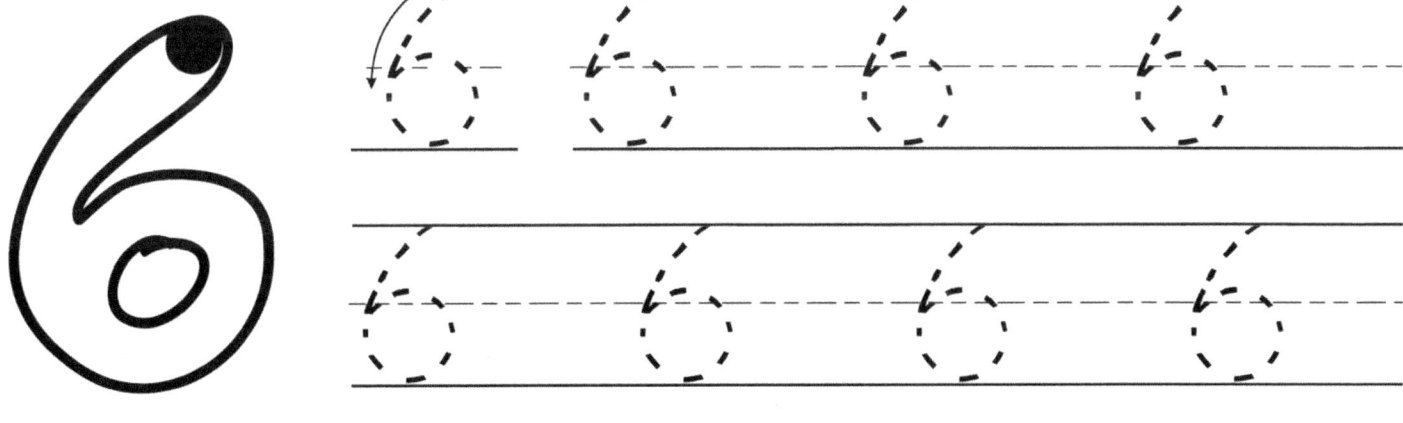

1 2 3 4 5 6 7 8 9 10

6 6 6 6 6 6

6 6 6 6 6 6

sei sei sei sei sei

sei sei sei sei sei

sei sei sei sei sei

Trova e colora ogni numero 6

4	3	4	2	6	2	6	2	1
6	5	6	1	3	5	3	4	5
5	3	5	2	4	1	6	1	4
1	4	6	1	5	3	2	3	2

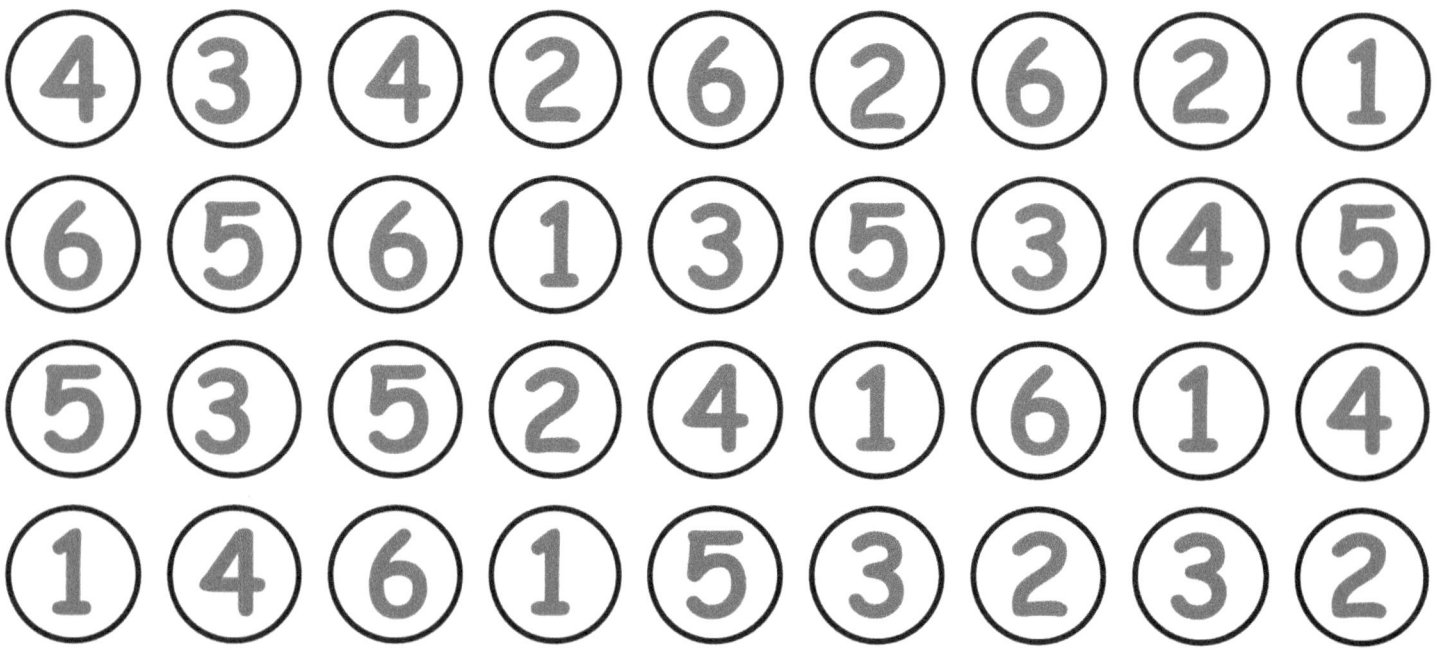

1 2 3 4 5 6 7 8 9 10

7 mele

Traccio il numero 7

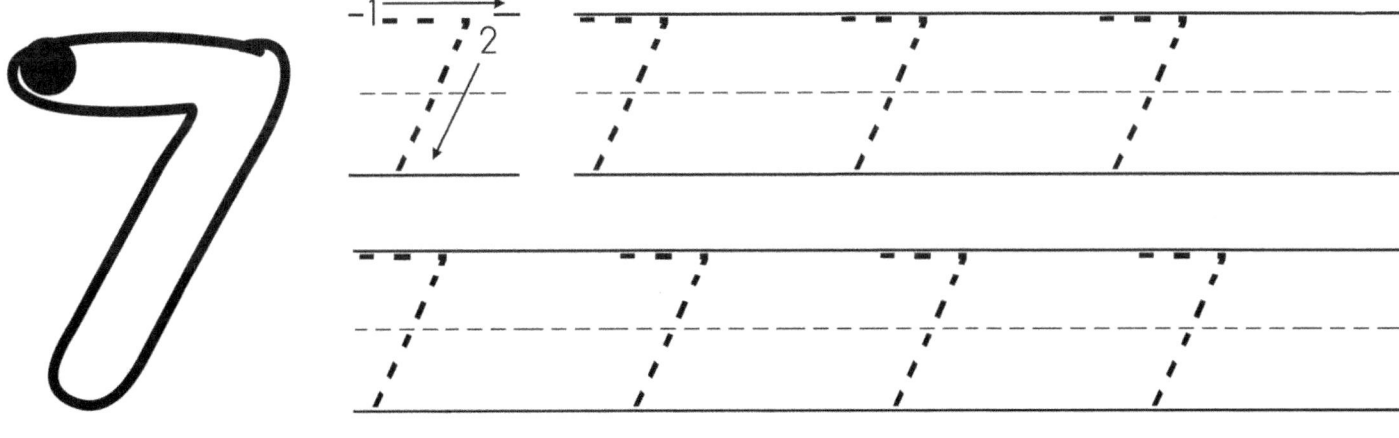

1 2 3 4 5 6 7 8 9 10

7 7 7 7 7 7 7

7 7 7 7 7 7 7

sette sette sette

sette sette sette

sette sette sette

Trova e colora ogni numero 7

7	6	8	9	10	5	6	8	6
8	7	5	10	7	10	8	7	9
6	9	5	5	8	7	9	8	6
10	5	10	7	10	9	6	9	5

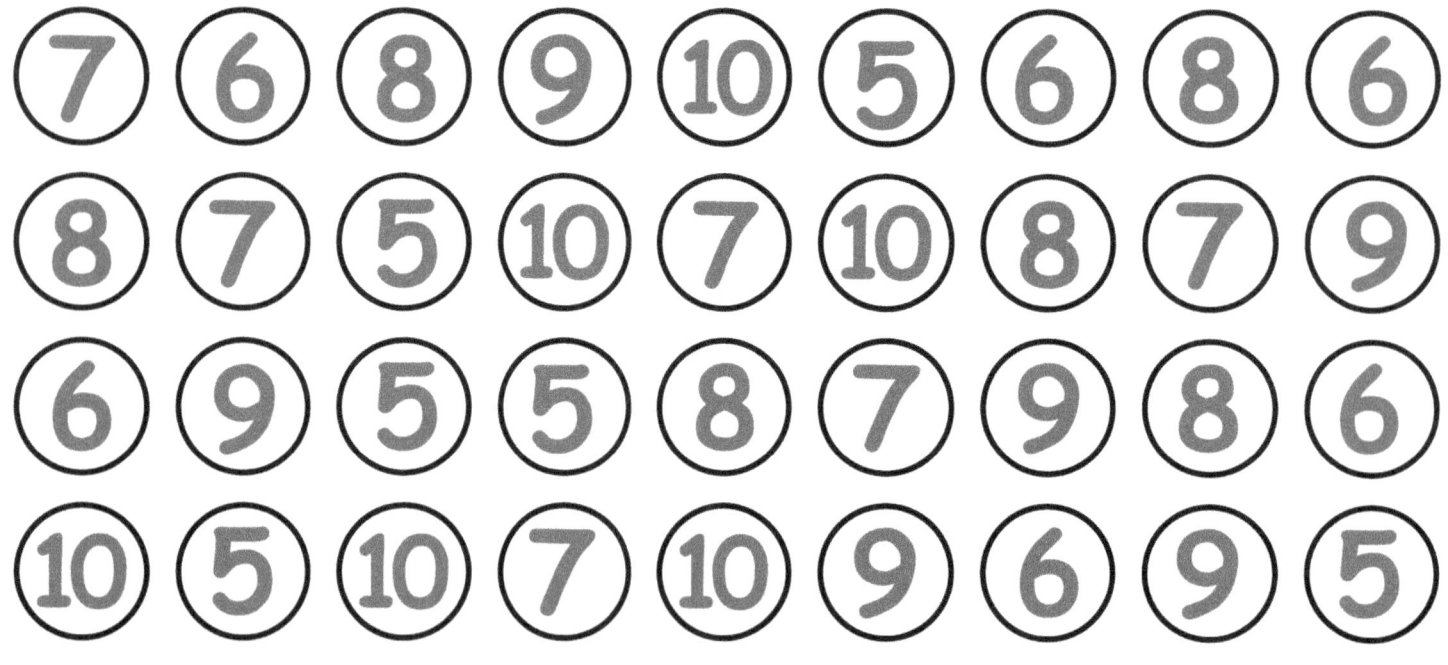

1 2 3 4 5 6 7 8 9 10

8 api

Traccio il numero 8

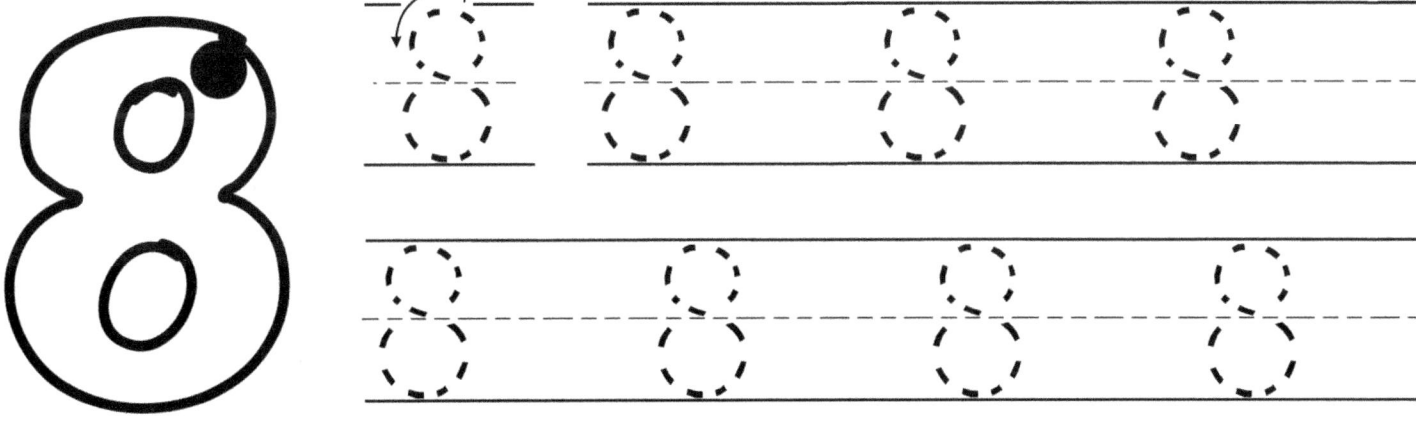

1 2 3 4 5 6 7 8 9 10

8 8 8 8 8 8

8 8 8 8 8 8

otto otto otto

otto otto otto

otto otto otto

Trova e colora ogni numero 8

7	6	8	9	10	5	6	8	6
8	7	5	10	7	10	8	7	9
6	9	5	5	8	7	9	8	6
10	5	10	7	10	9	6	9	5

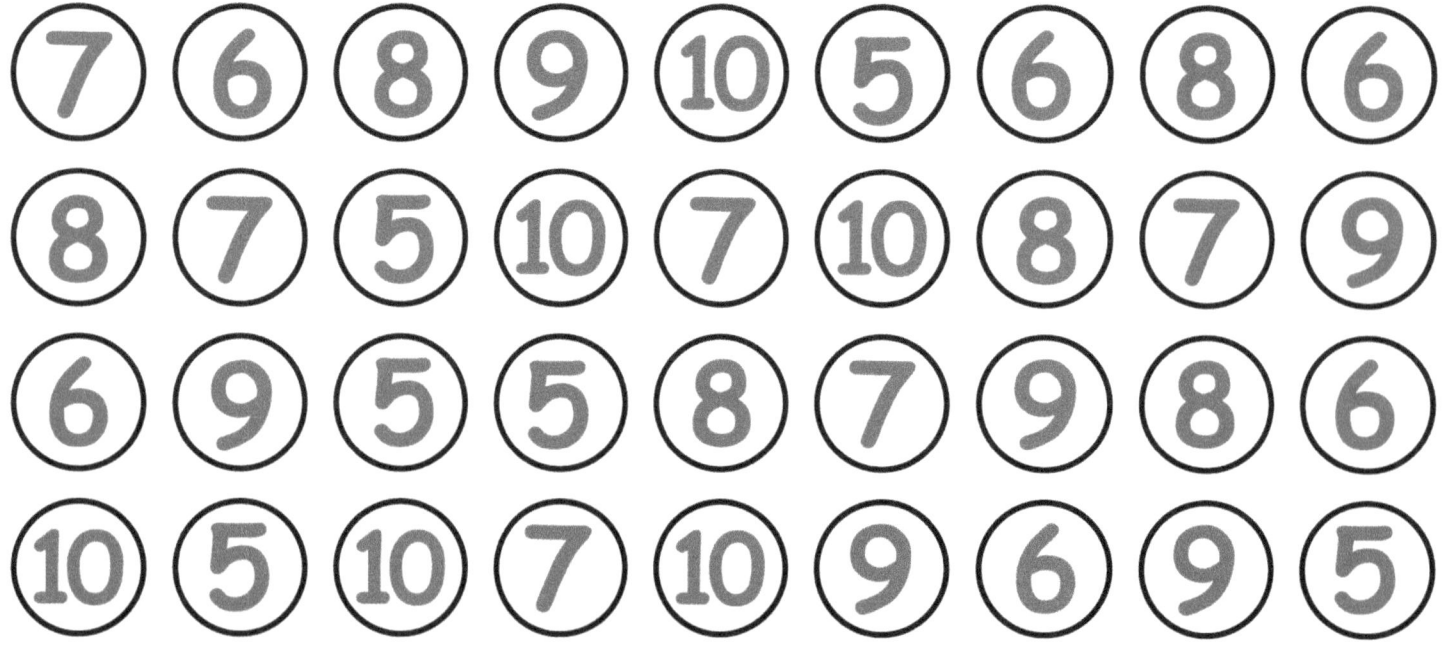

1 2 3 4 5 6 7 8 9 10

9 auto

Traccio il numero 9

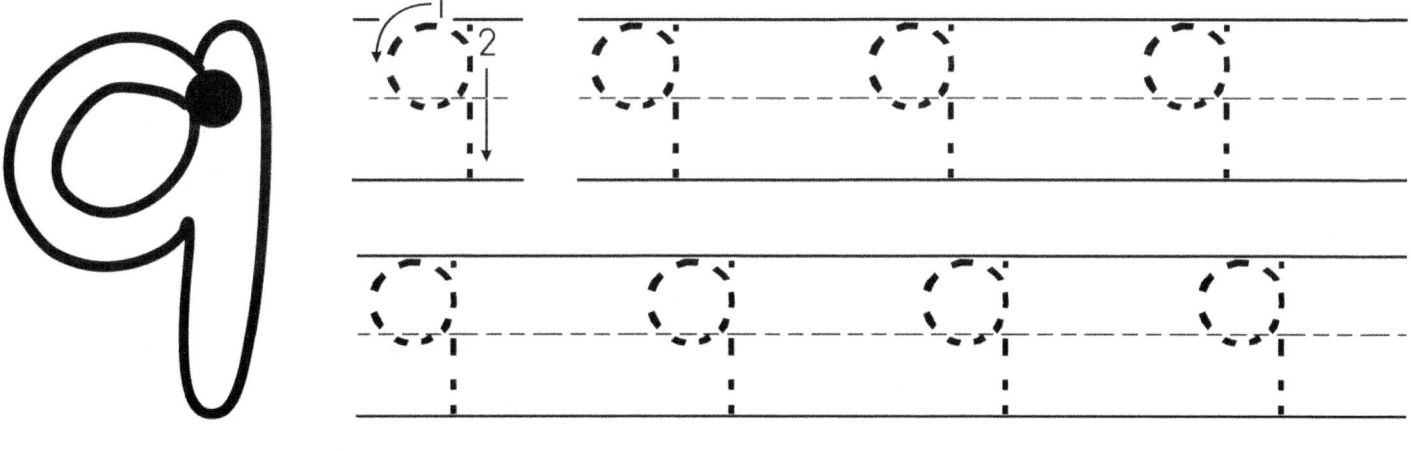

1 2 3 4 5 6 7 8 9 10

9 9 9 9 9 9

9 9 9 9 9 9

nove nove nove

nove nove nove

nove nove nove

Trova e colora ogni numero 9

9	8	6	7	10	5	8	6	8
8	9	5	10	9	10	8	7	9
6	7	5	5	6	9	7	6	6
10	5	10	7	10	7	8	9	5

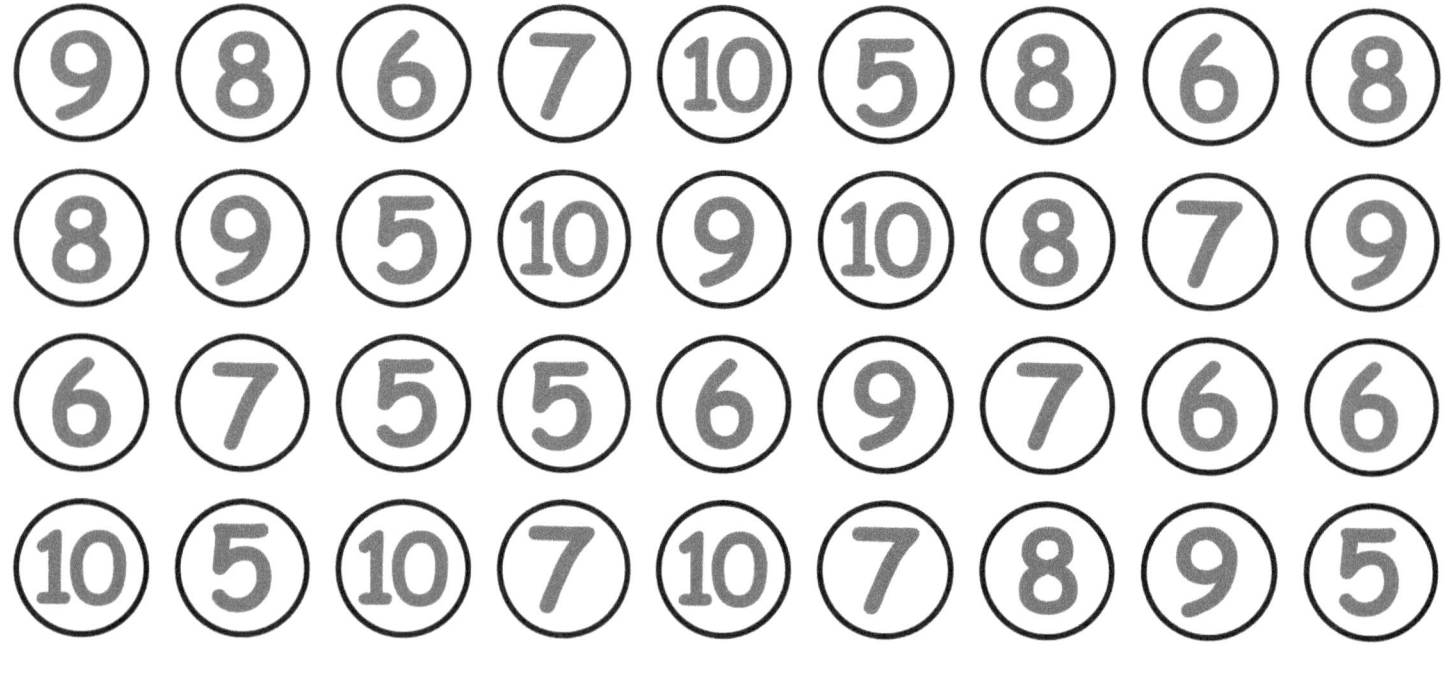

10 uova

Traccio il numero 10

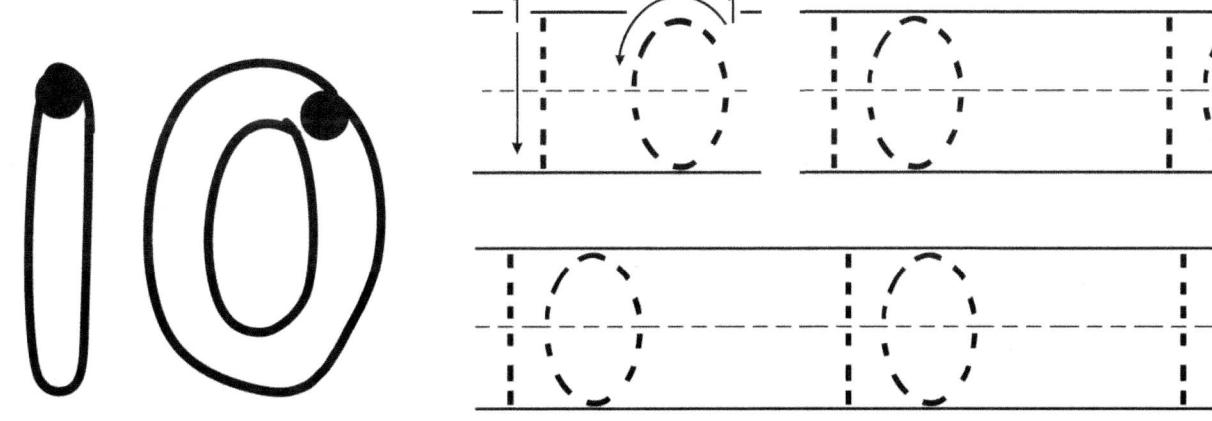

1 2 3 4 5 6 7 8 9 10

10 10 10 10 10

10 10 10 10 10

dieci dieci dieci

dieci dieci dieci

dieci dieci dieci

Trova e colora ogni numero 10

9	8	6	7	5	10	8	6	8
8	9	10	5	9	5	8	7	9
6	7	5	10	6	9	7	6	6
5	10	5	7	10	7	8	9	10

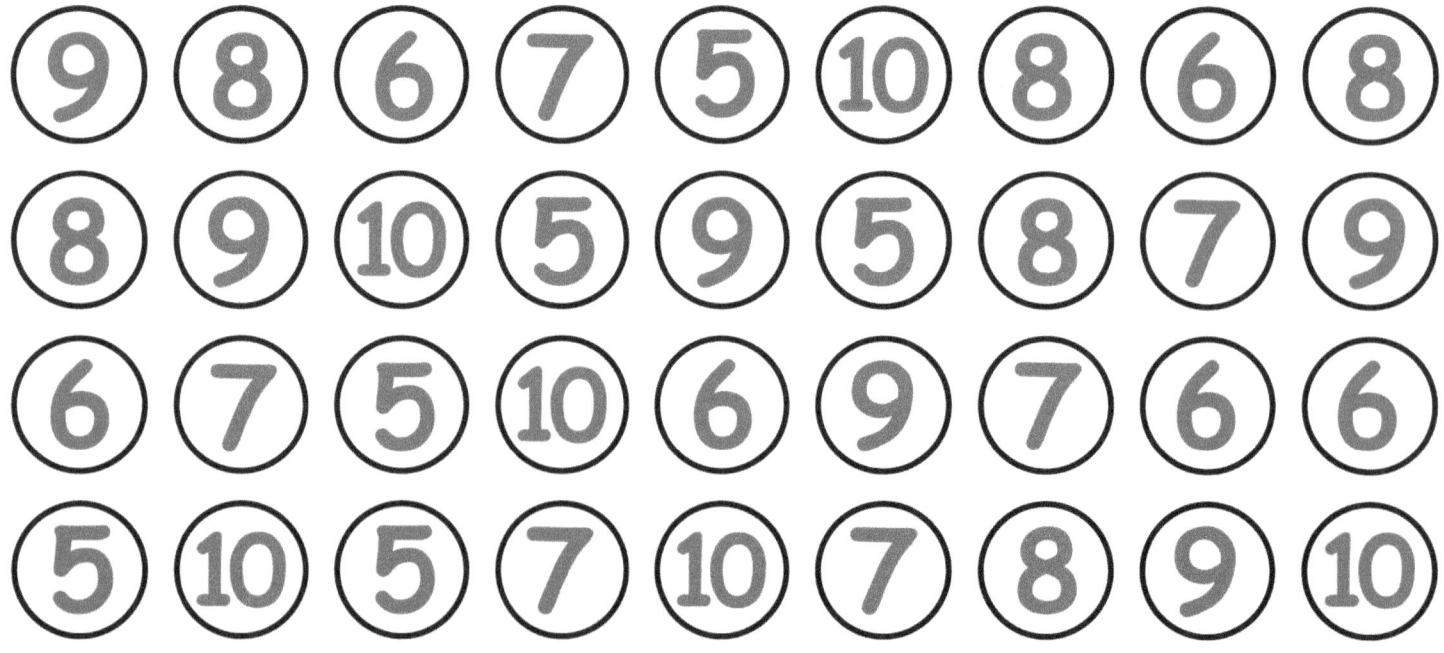

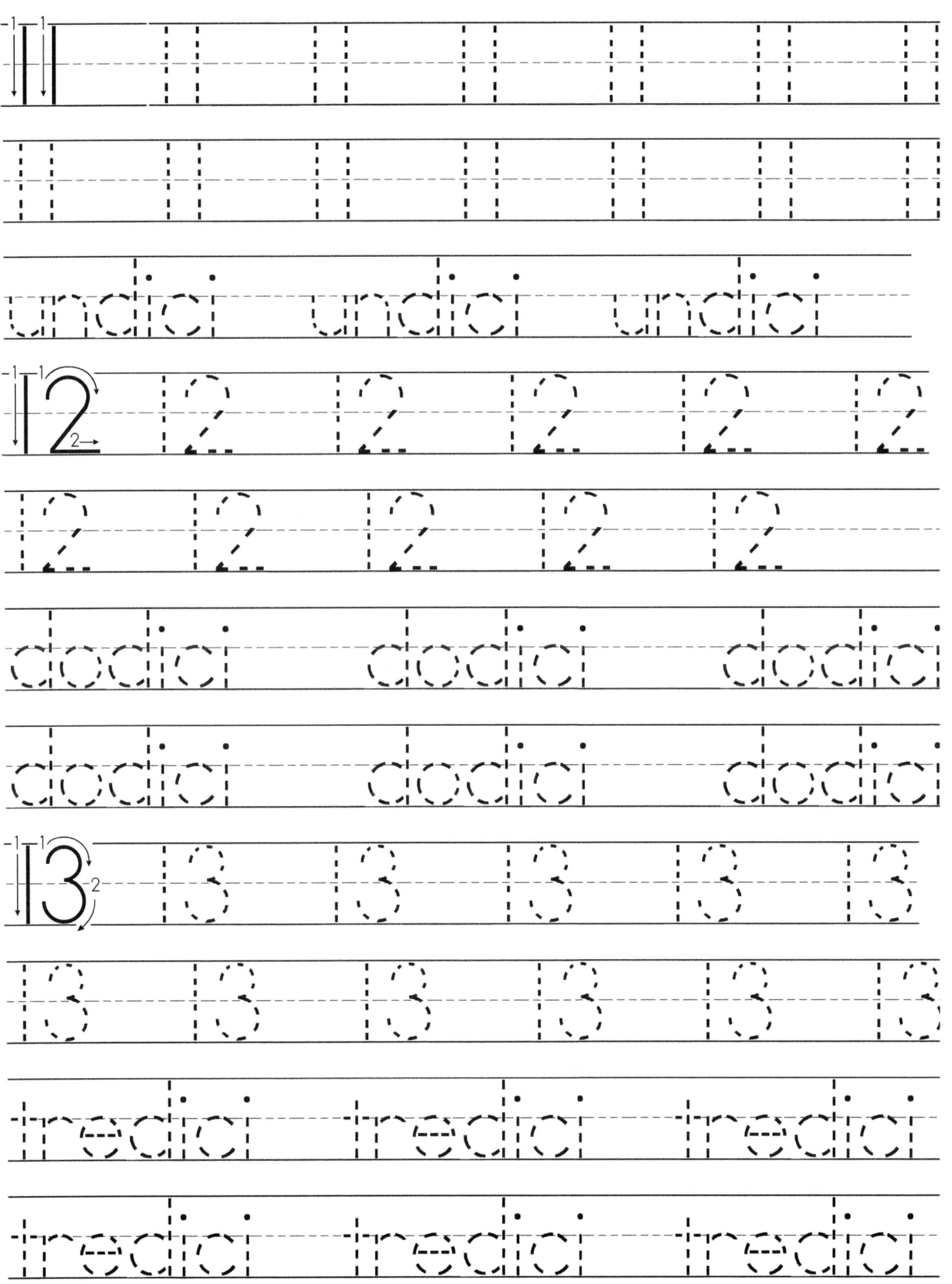

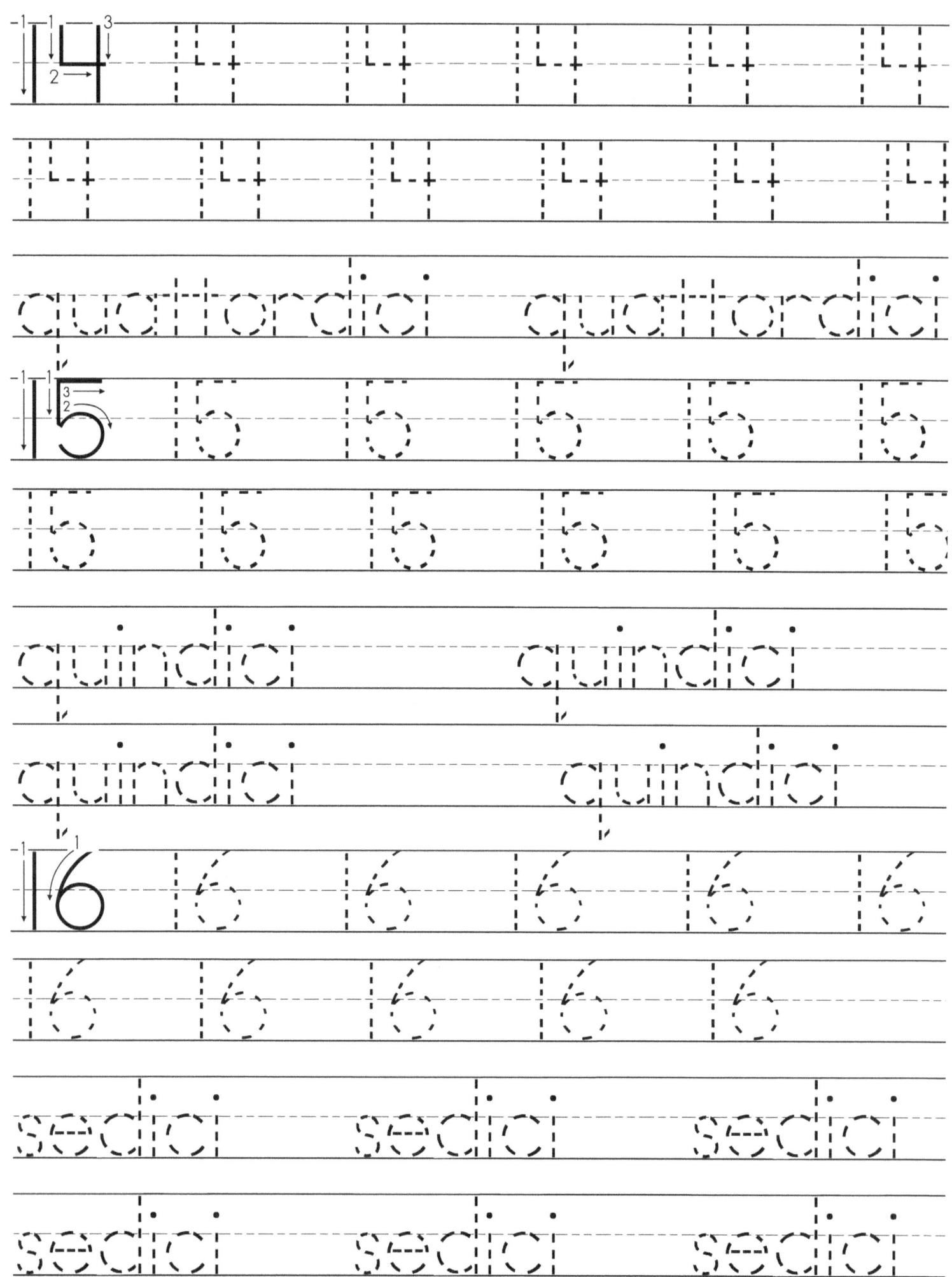

17

17 17 17 17 17 17 17
17 17 17 17 17 17 17
17 17 17 17 17 17 17

diciassette diciassette
diciassette diciassette
diciassette diciassette

18

18 18 18 18 18 18
18 18 18 18 18 18

diciotto diciotto
diciotto diciotto
diciotto diciotto

19 19 19 19 19 19

19 19 19 19 19 19

19 19 19 19 19 19

diciannove   diciannove

diciannove   diciannove

diciannove   diciannove

20 20 20 20 20

20 20 20 20 20

20 20 20 20 20

venti   venti   venti

venti   venti   venti

Numeri - Parole

Abbina numero in cifra a numero in parola

3

1

4

0 → zero

quattro

cinque

uno

5

due

2

tre

Numeri - Parole

Abbina numero in cifra a numero in parola

7   sette
11   dieci
6   otto
10   sei
9   undici
8   nove

Io conto

Collego i cerchi colorati ai numeri corretti

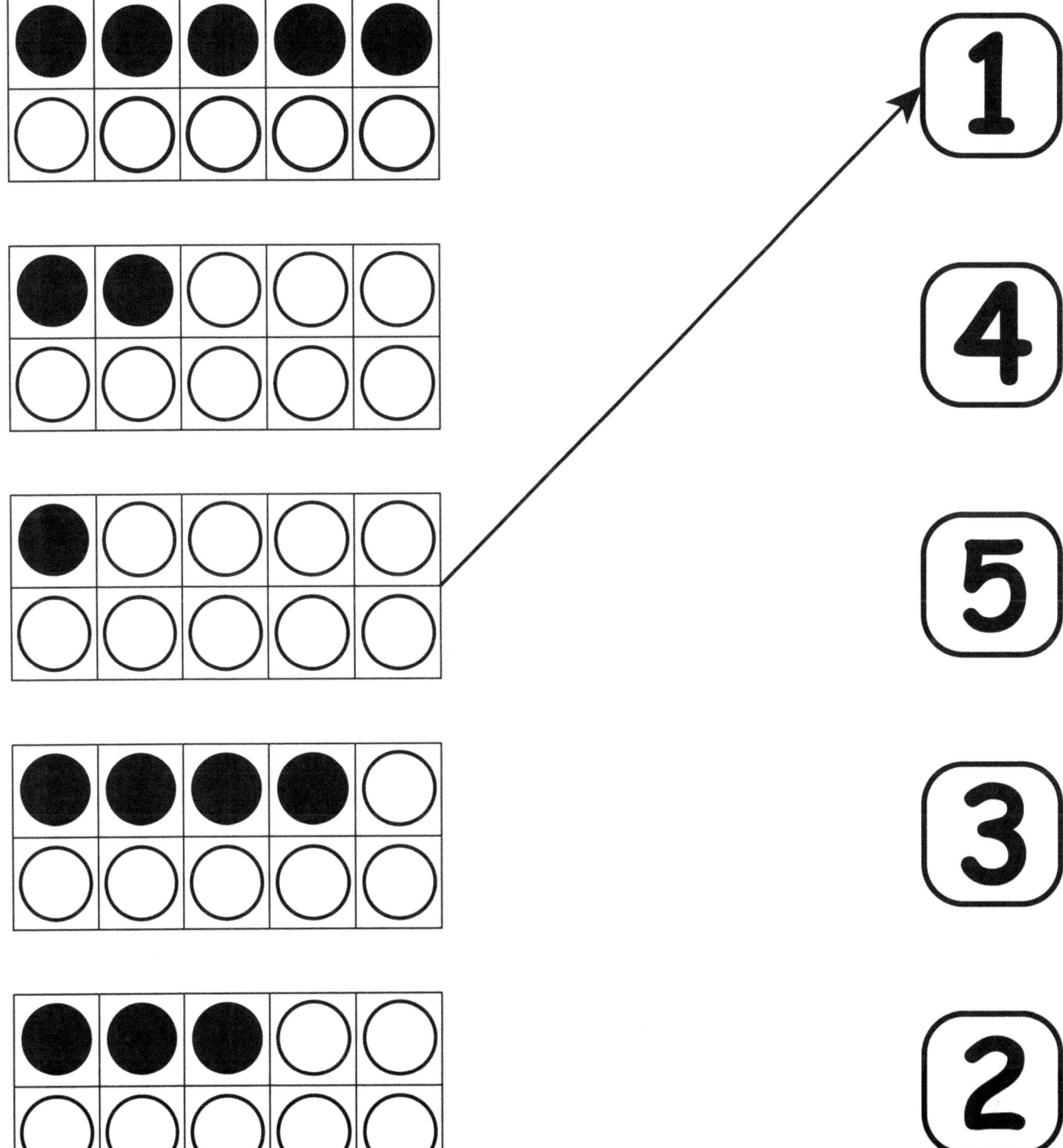

Io conto

Collego i cerchi colorati ai numeri corretti

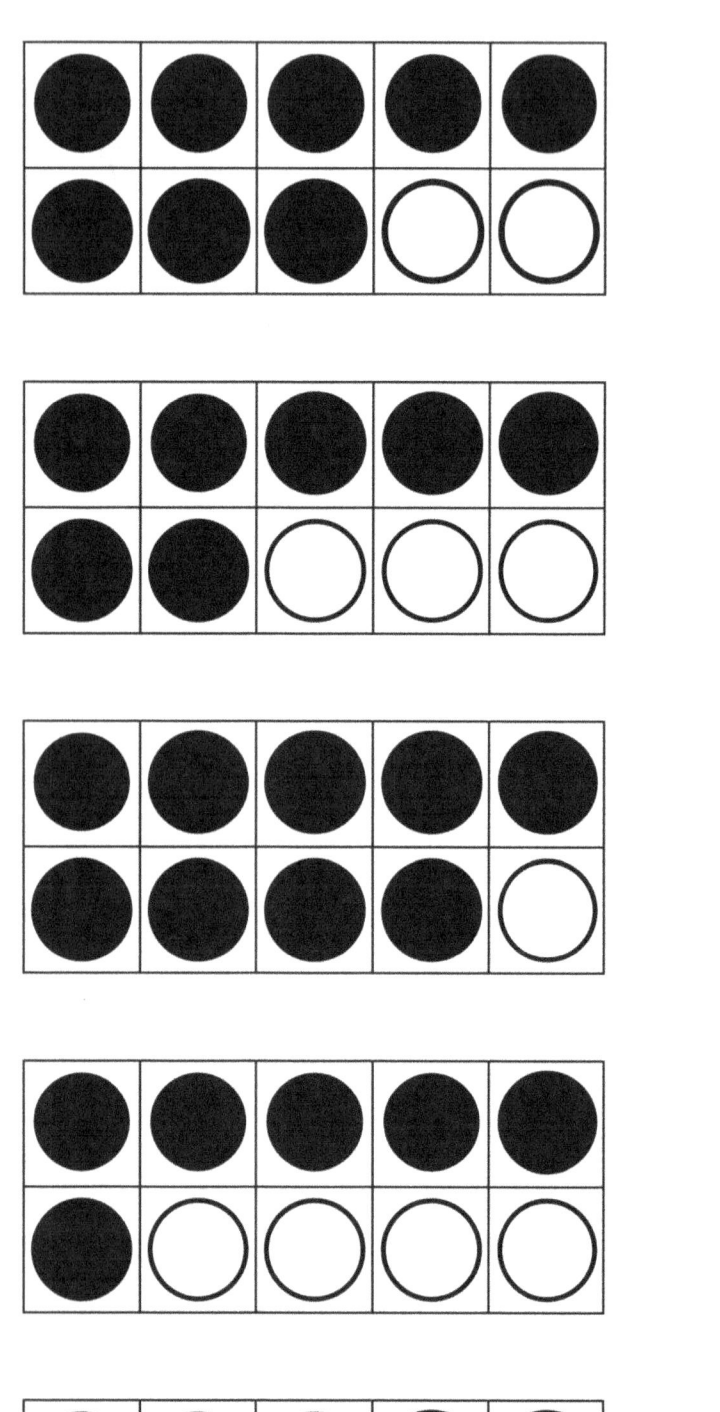

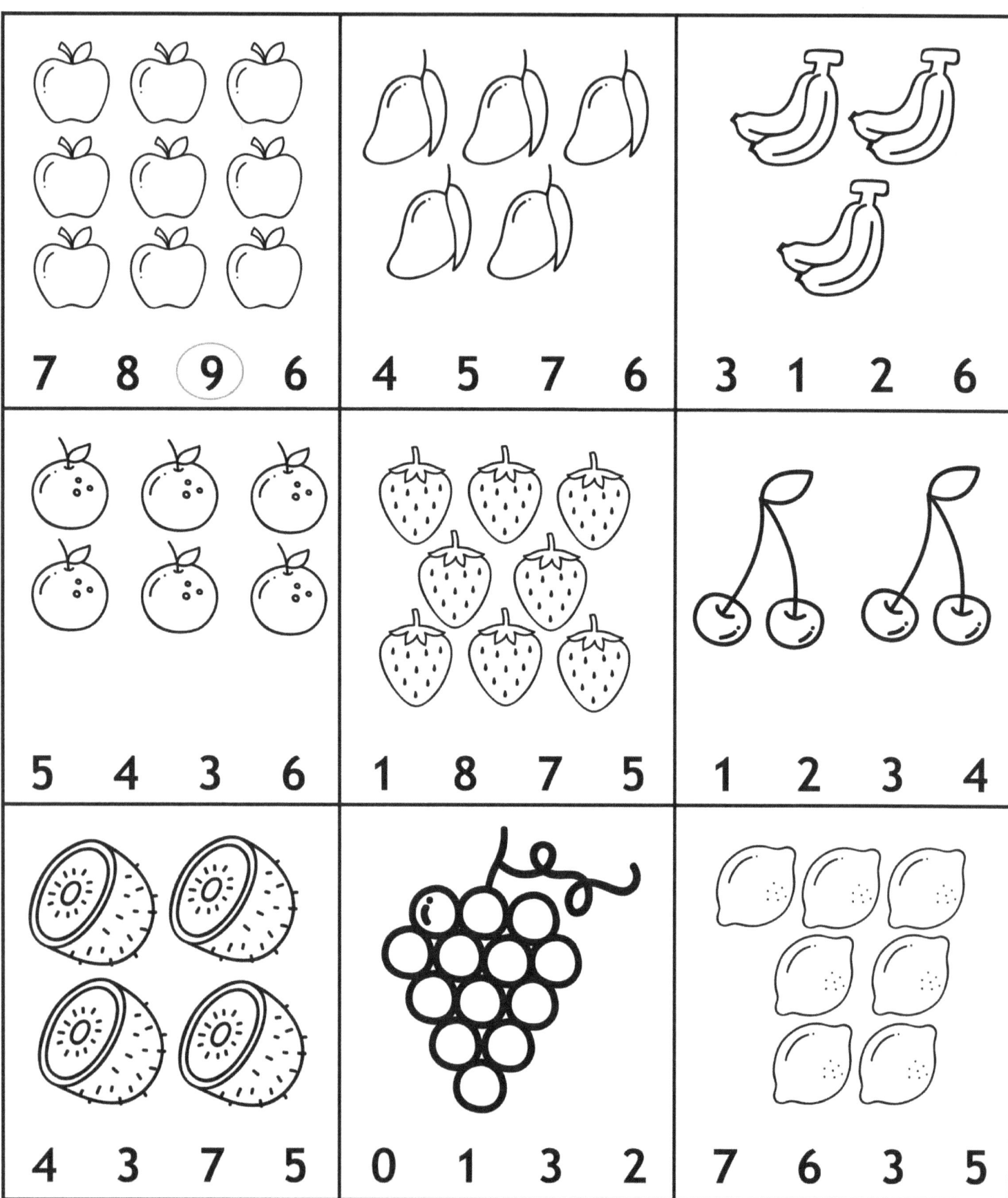

Cerchia il numero

Io conto gli oggetti e scelgo il numero corretto

7 9 8 6	5 4 3 6	3 1 2 4
8 3 5 4	1 8 7 5	4 1 3 2
5 4 3 6	7 6 3 5	1 3 2 5

Colorare i cerchi

Io leggo il numero e colore i cerchi

5	○○○○○○○○○○
4	○○○○○○○○○
2	○○○○○○○○○
7	○○○○○○○○○
8	○○○○○○○○○
3	○○○○○○○○○
1	○○○○○○○○○○
9	○○○○○○○○○

Cerchia il numero

Io uso il pennarello a punti e coloro i cerchi

1 Blu **3** Rosso **5** Viola
2 Rosa **4** Verde **6** Arancione

Collega i punti

Io collego i punti in ordine

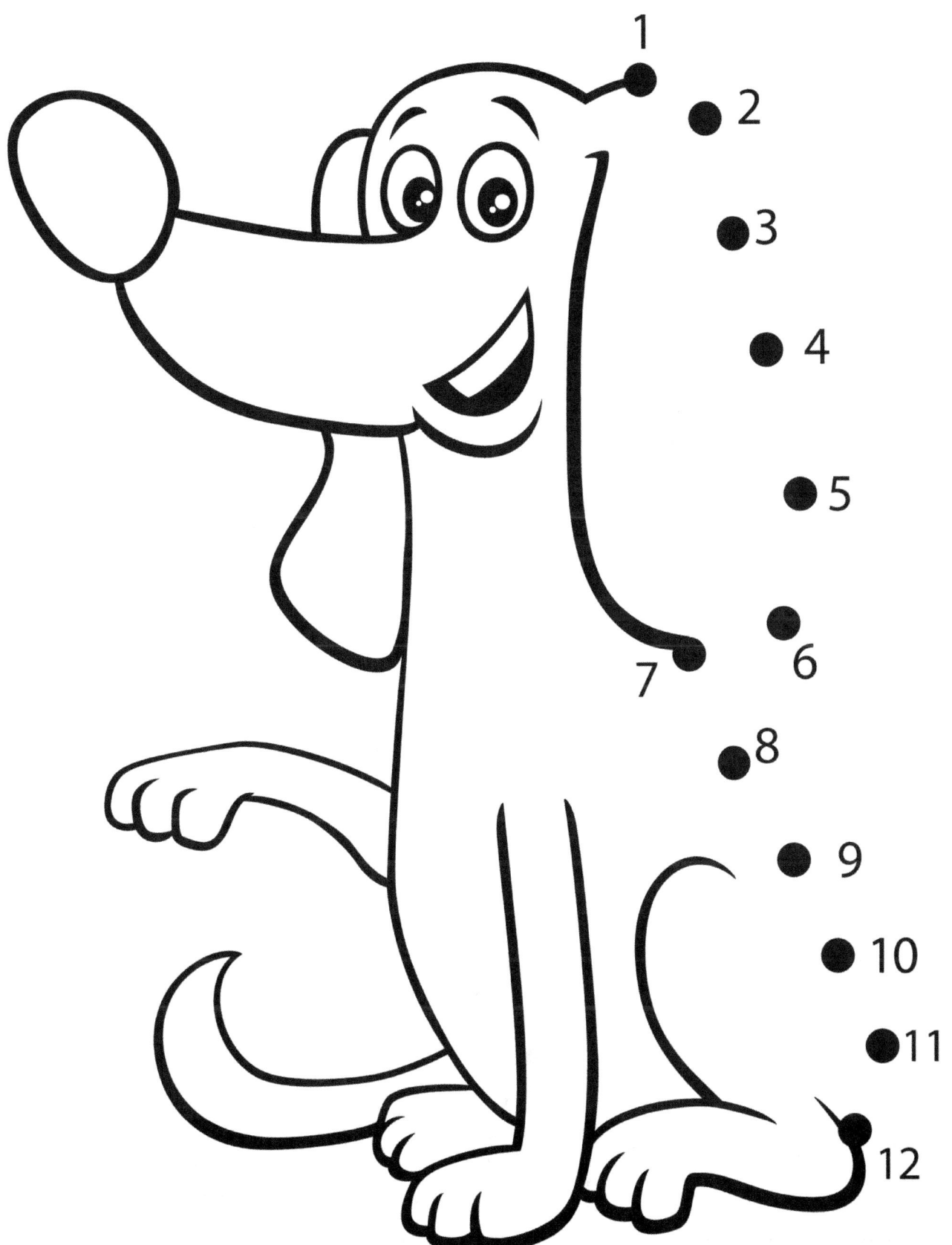

Contare e Scrivere

Io conto gli oggetti e scrivo il numero giusto

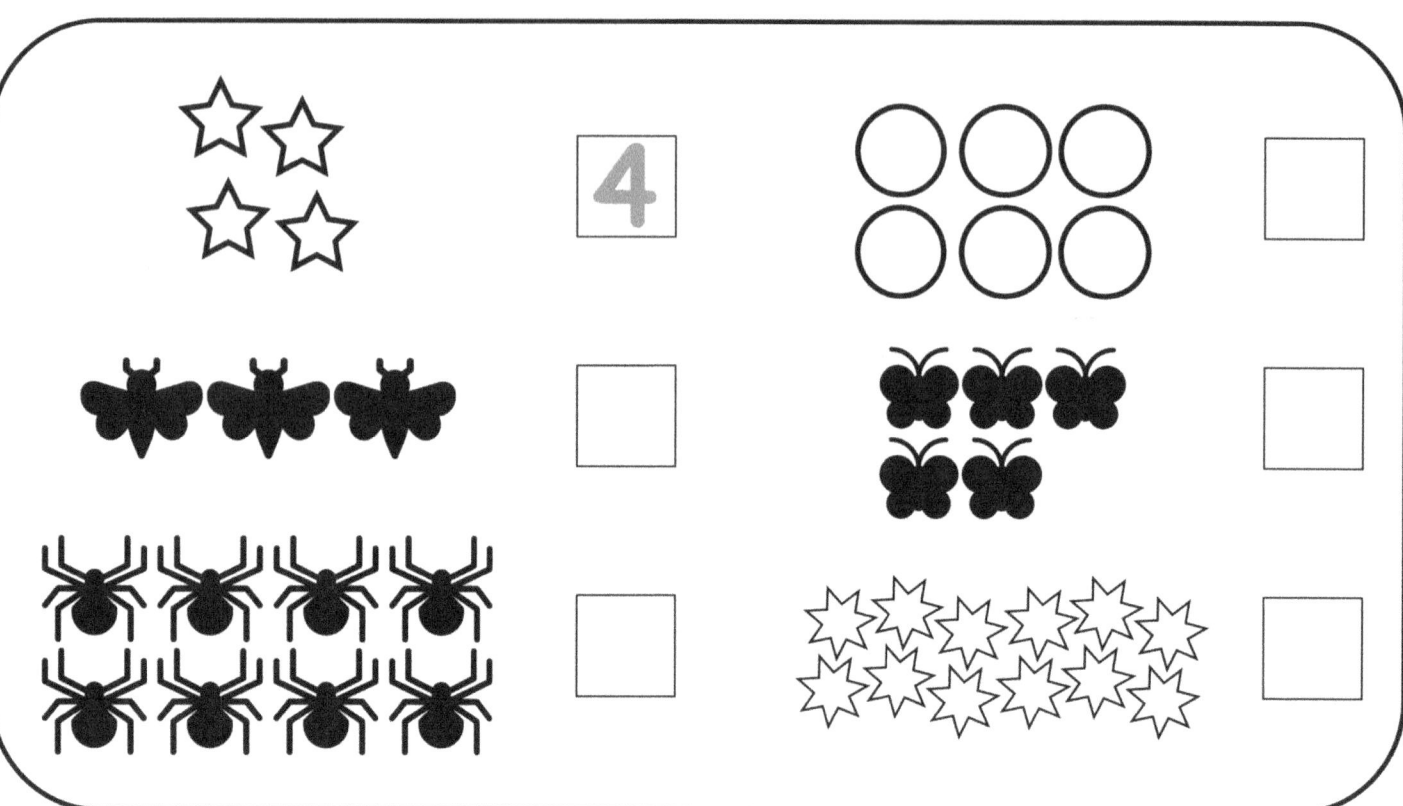

Io scrivo il numero mancante

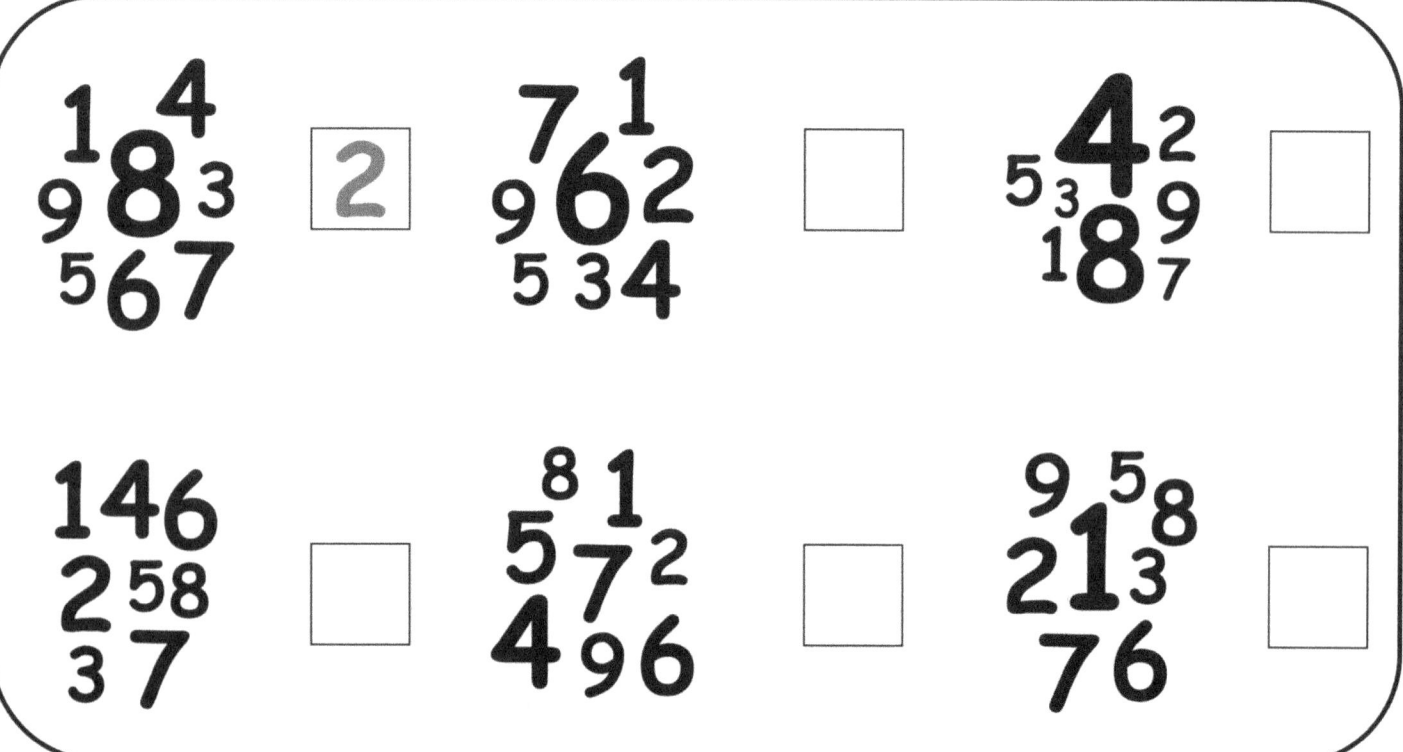

Numeri e Coleri

Io coloro la volpe

1 Arancione **3** Nero **5** Rosa

2 Marrone **4** Rossa **6** Blu

Conta e colora

Io conta le forme e colore in base ai numeri nei quadrati

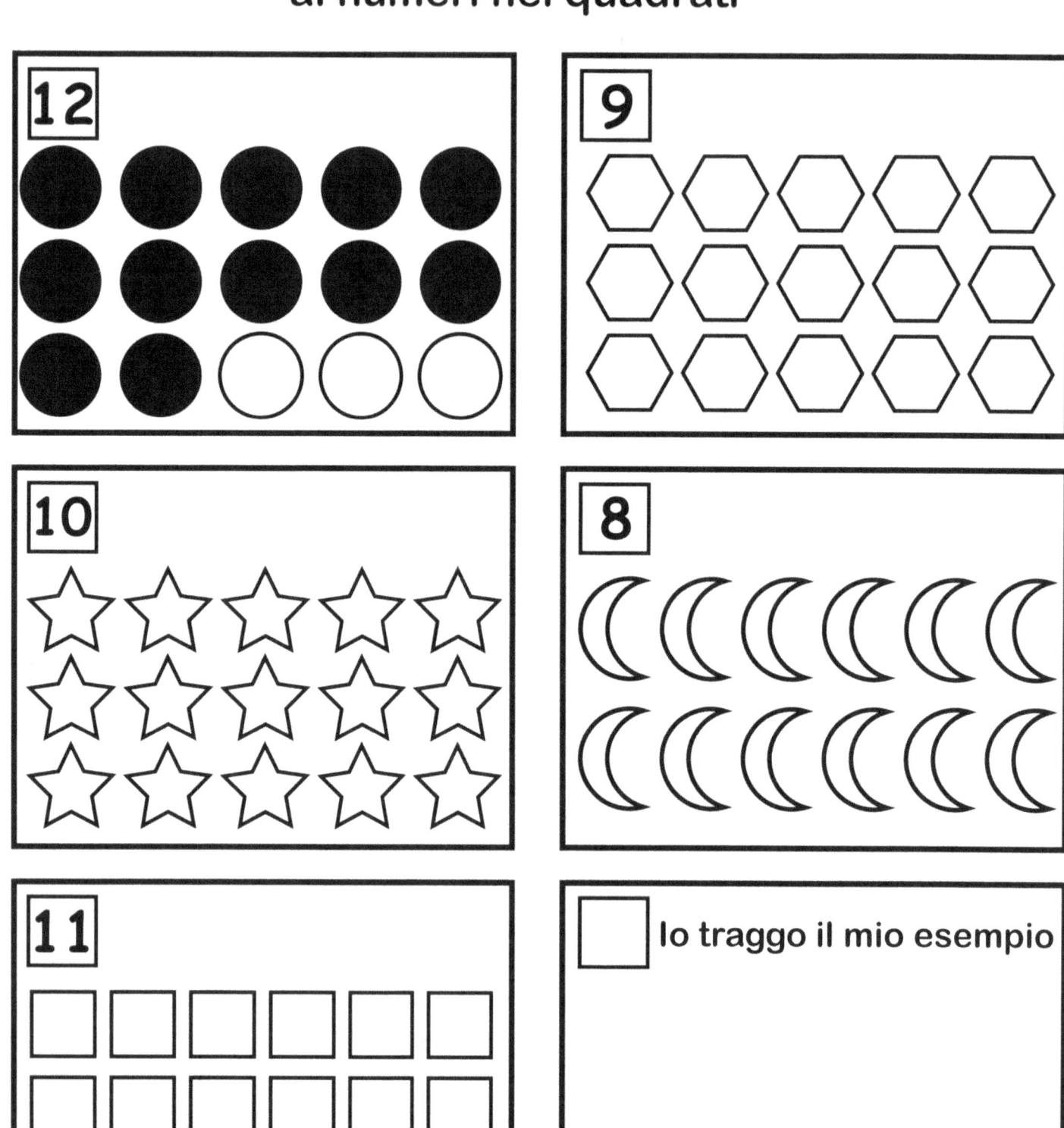

Quante forme?

Io colore e conto le forme poi scrivo il numero di ciascuna forma

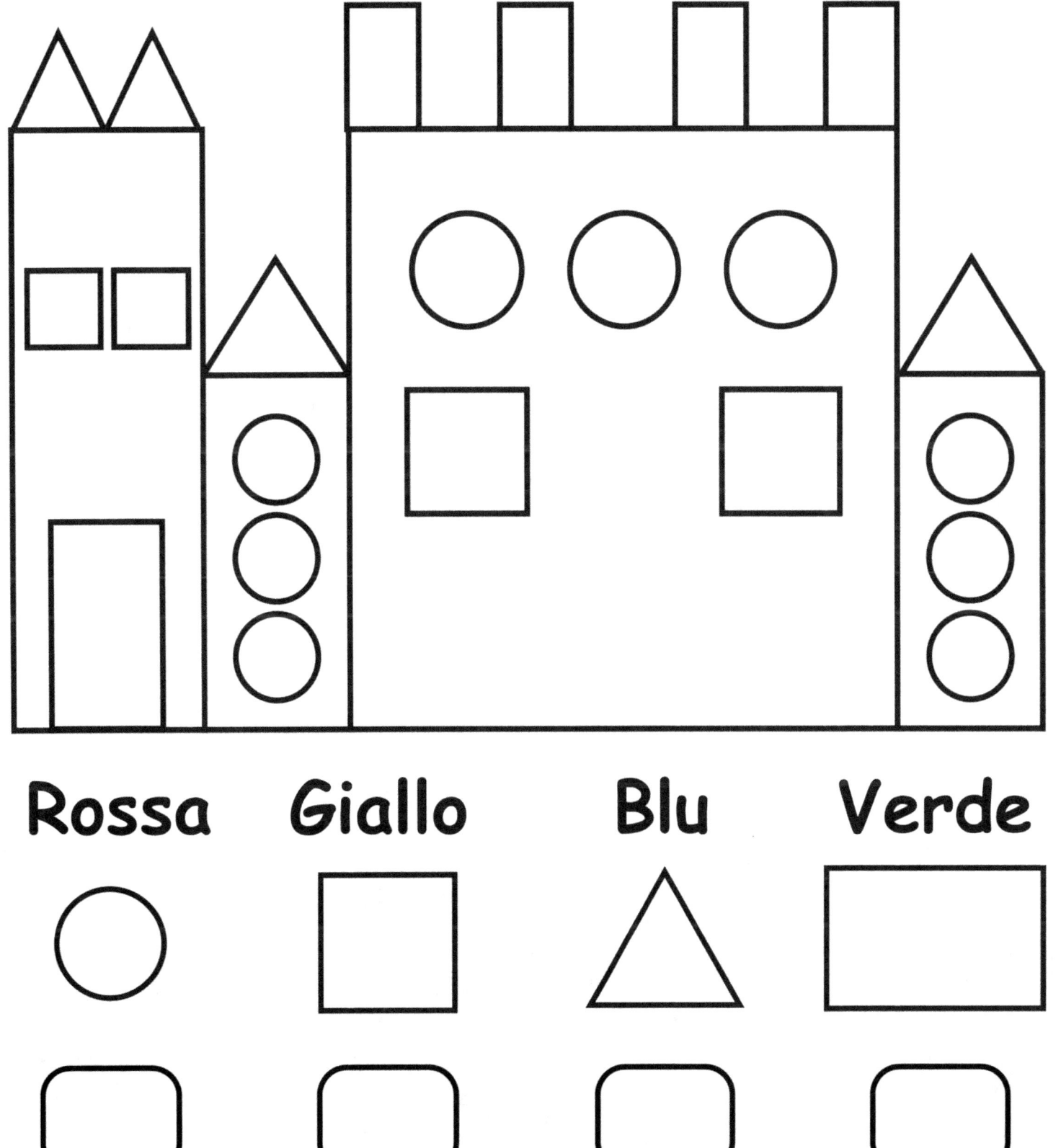

Rossa   Giallo   Blu   Verde

Numeri mancanti

Io scrivo il numero mancante

0	1	2	12	___	14
5	___	7	14	___	16
3	___	5	9	___	11
8	___	10	15	___	17
4	___	6	16	___	18
6	___	8	19	___	21
10	___	12	22	___	24
11	___	13	25	___	27

Conta e Colora

Io conto le immagini, Io cerchio il numero giusto e Io colore i cinque quadrati

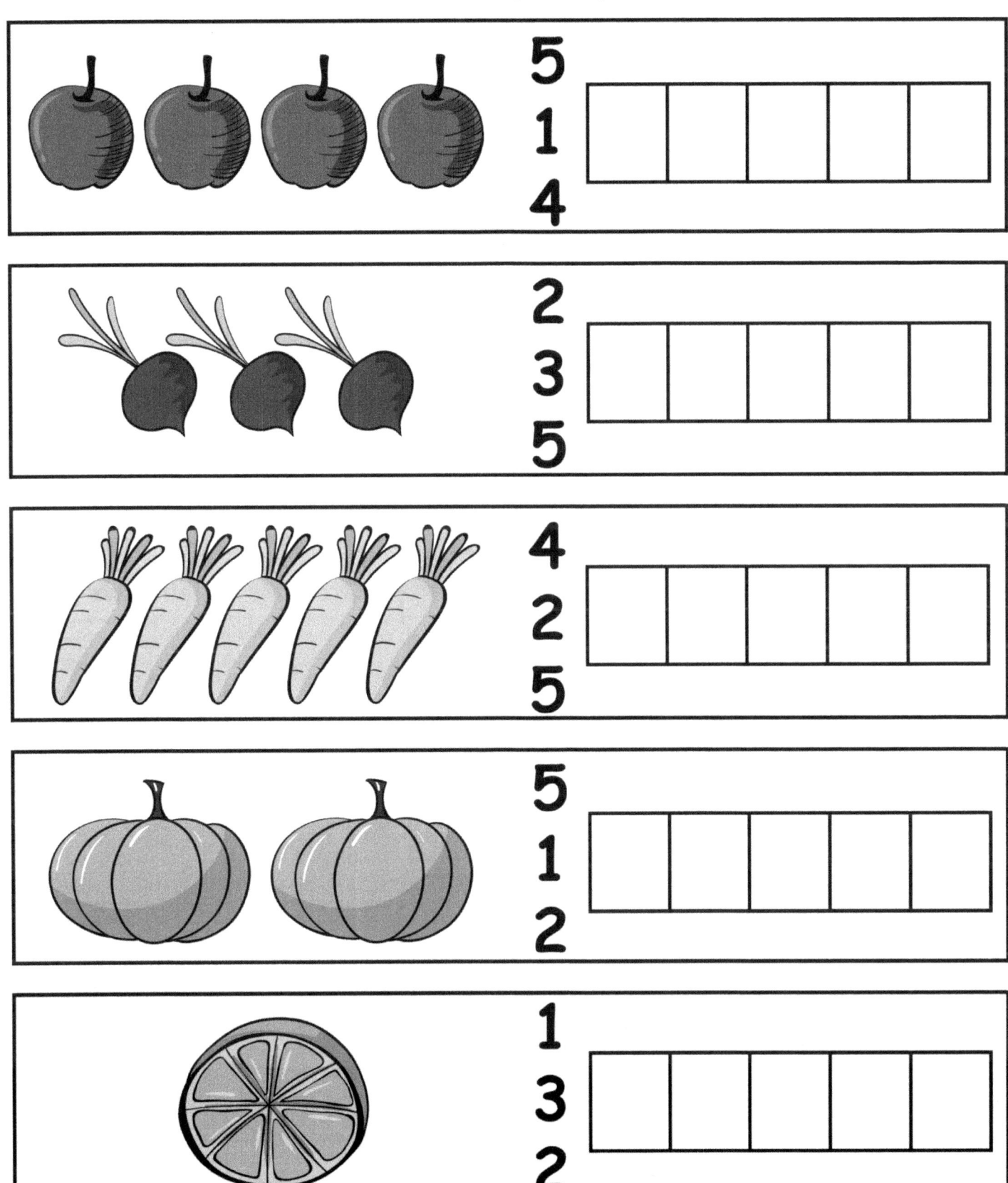

Conteggio

Io collego ogni set al numero giusto

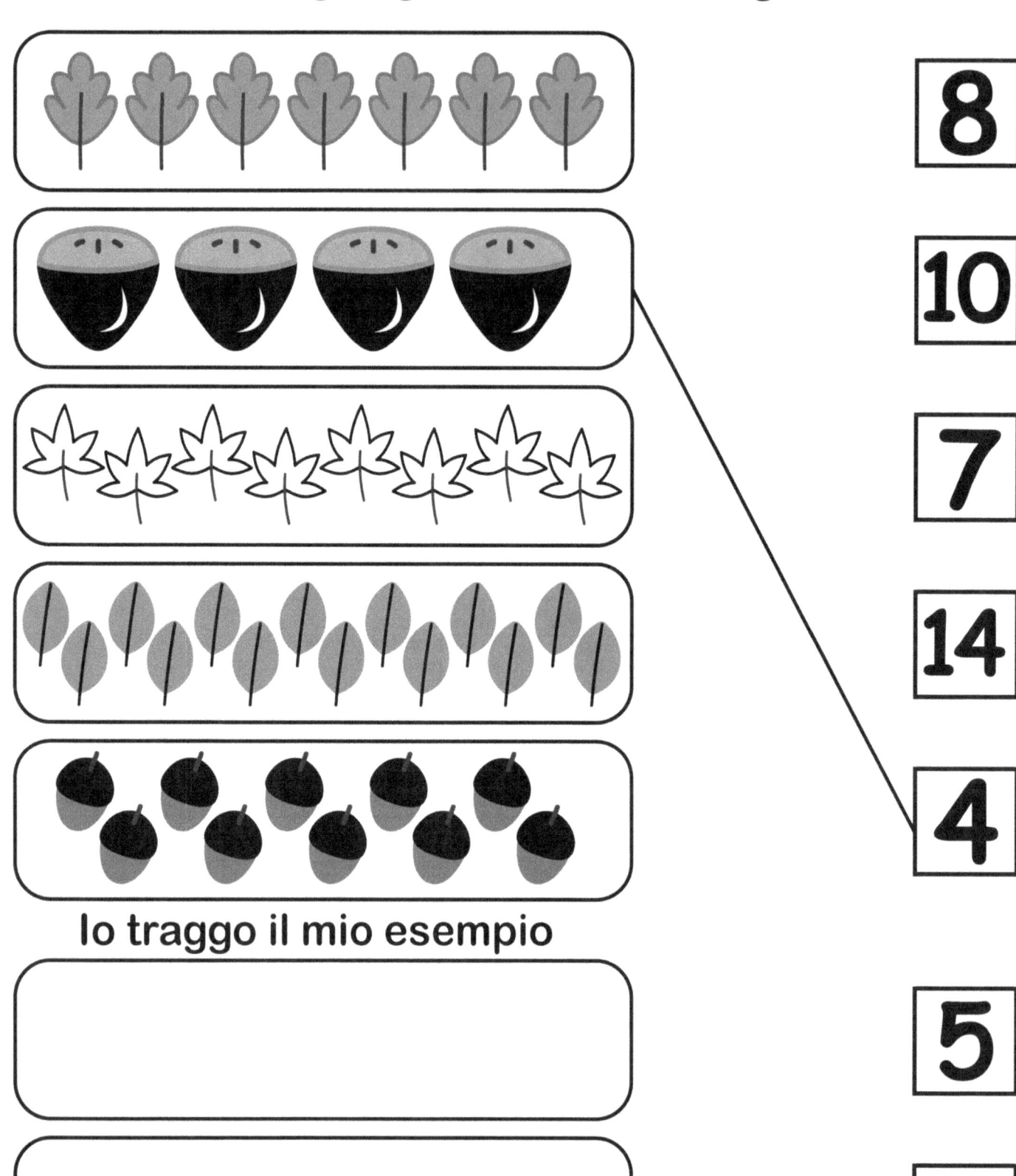

Io traggo il mio esempio

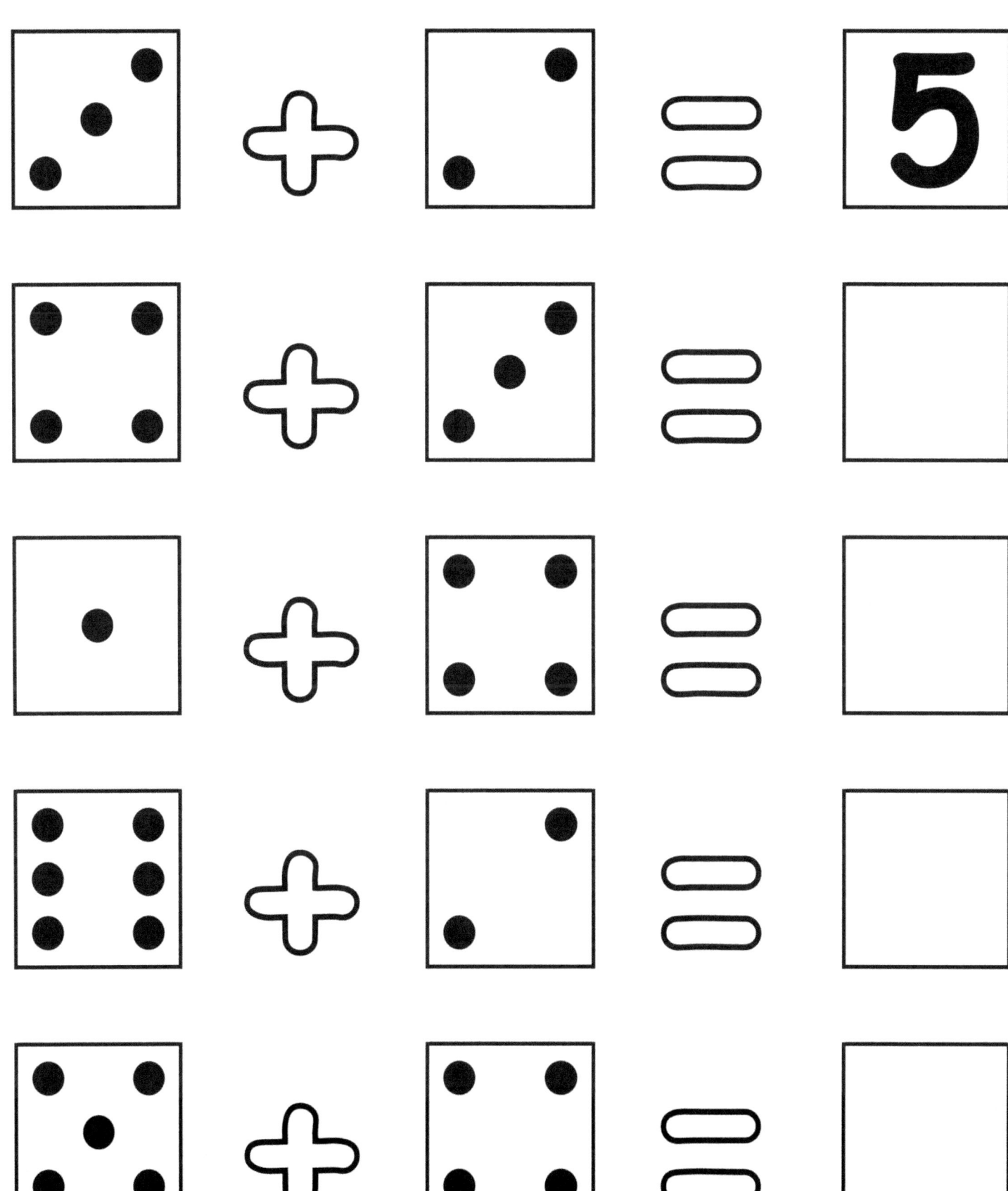

Conteggio delle dita

Io conto le dita per completare le seguenti aggiunte

1 + 2 = 3	☐ + ☐ = ☐
☐ + ☐ = ☐	☐ + ☐ = ☐
☐ + ☐ = ☐	☐ + ☐ = ☐
☐ + ☐ = ☐	☐ + ☐ = ☐
☐ + ☐ = ☐	☐ + ☐ = ☐

Addizione

Io conto i punti e scrivo le risposte

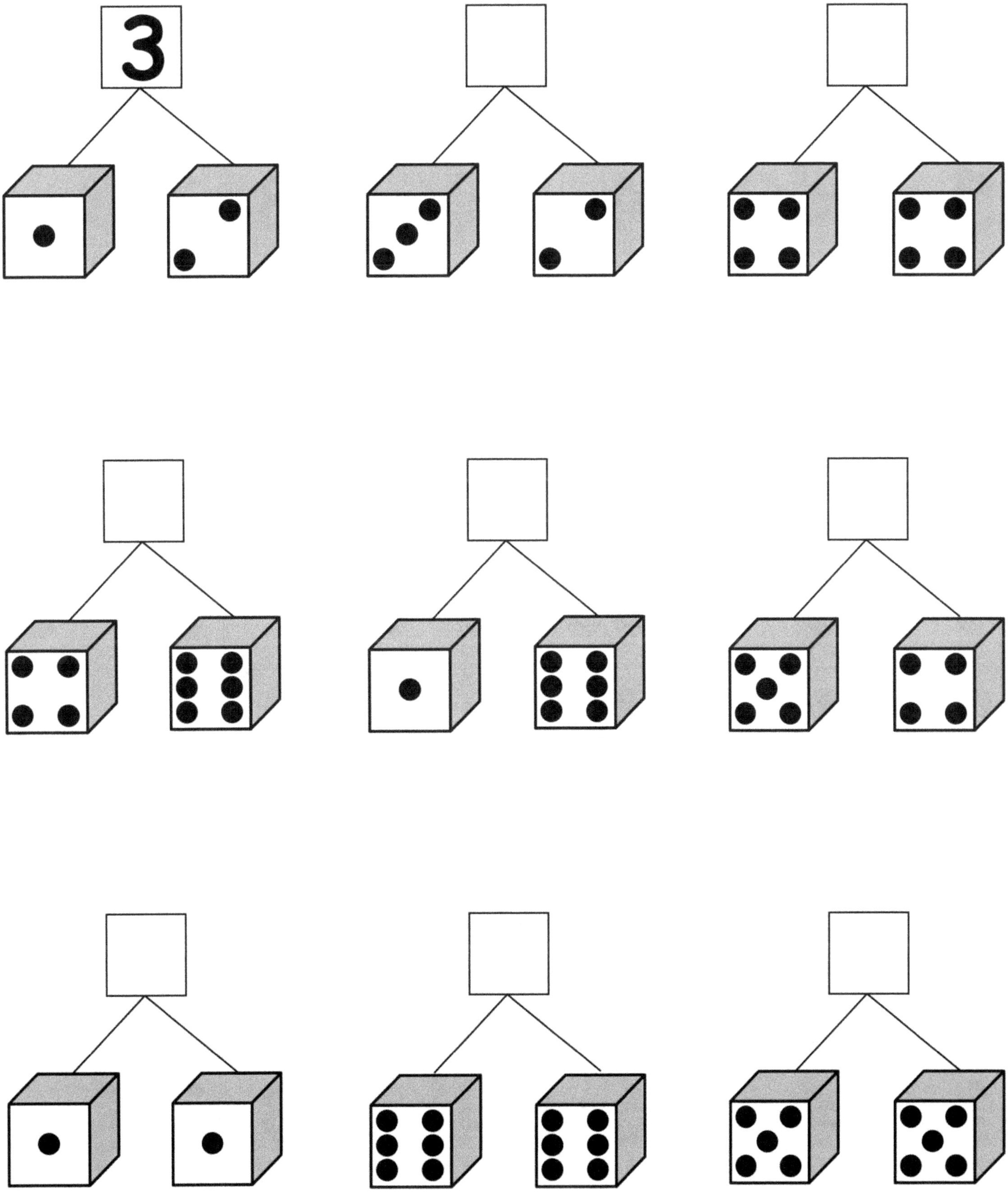

Addizione

Io conto e scrivo le risposte

5+3= 8   4+2= ⬚   3+3= ⬚

2+3= ⬚   1+2= ⬚   5+4= ⬚

4+4= ⬚   6+4= ⬚   3+4= ⬚

1+1= ⬚   6+6= ⬚   3+3= ⬚

Tracciamento magico

Io traccio e colore il bel coniglio

Ottieni 10

Io disegno più cerchi per ottenere 10 e scrivo il numero mancante

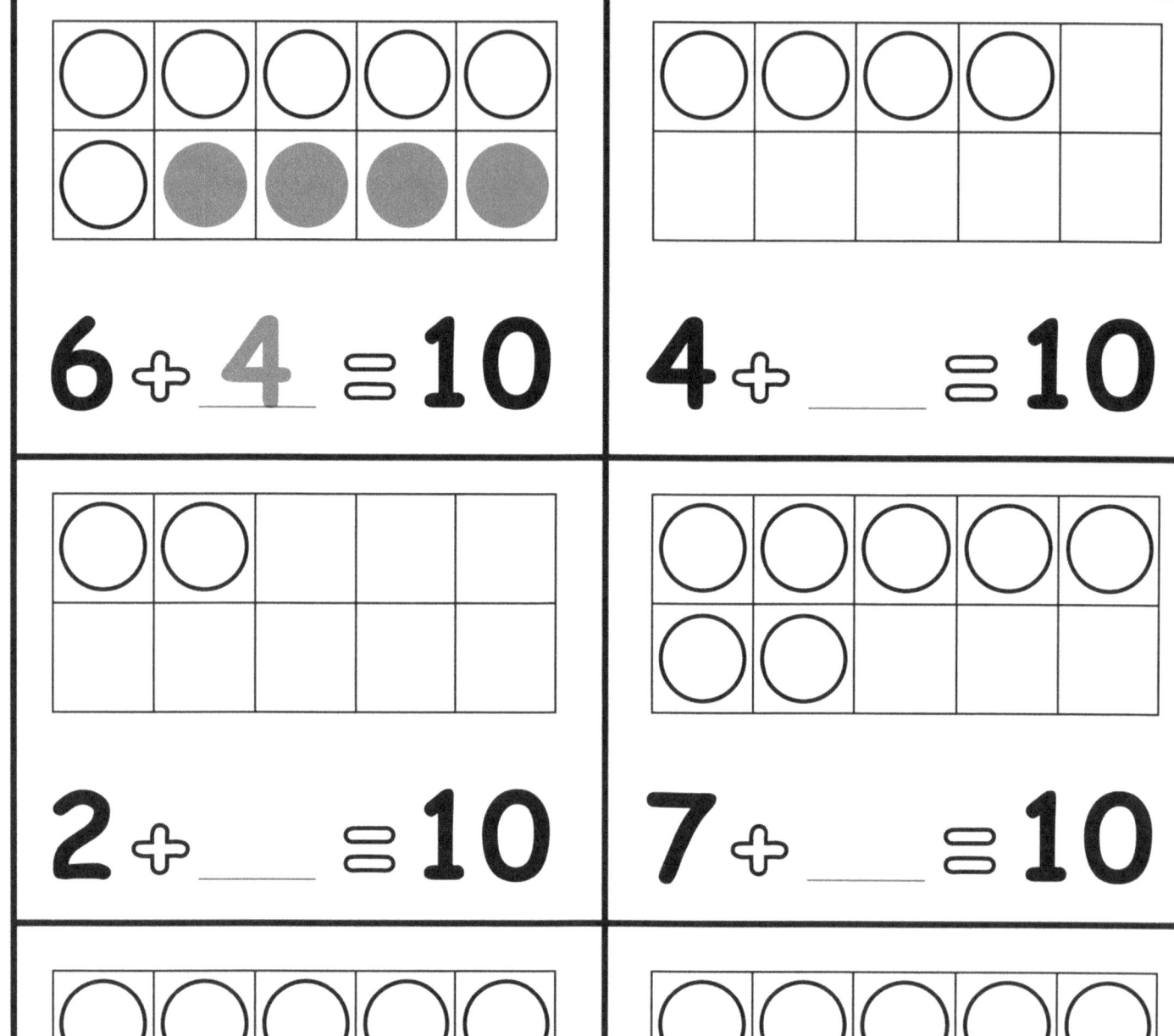

Contare i frutti

Io conto i frutti e scrivo quanti ce ne sono

Arancia	🍊	🍊	🍊	🍊				
Anguria	🍉	🍉	🍉					
Ananas	🍍	🍍	🍍	🍍	🍍			
Banana	🍌	🍌	🍌	🍌	🍌	🍌	🍌	🍌
Fragola	🍓	🍓	🍓	🍓	🍓	🍓	🍓	
Mela	🍎							

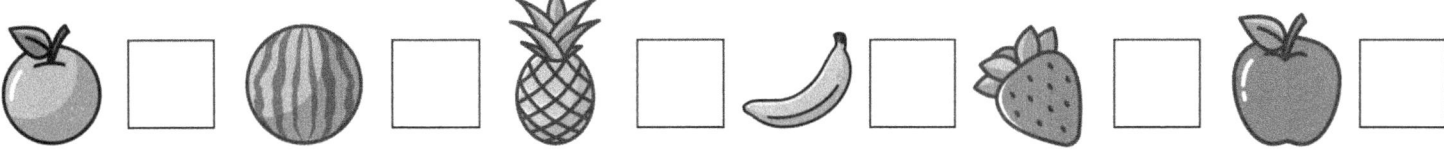

Abbino i frutti al numero corretto

3   4   5   1   7   8

Addizione

Io conto e aggiungo

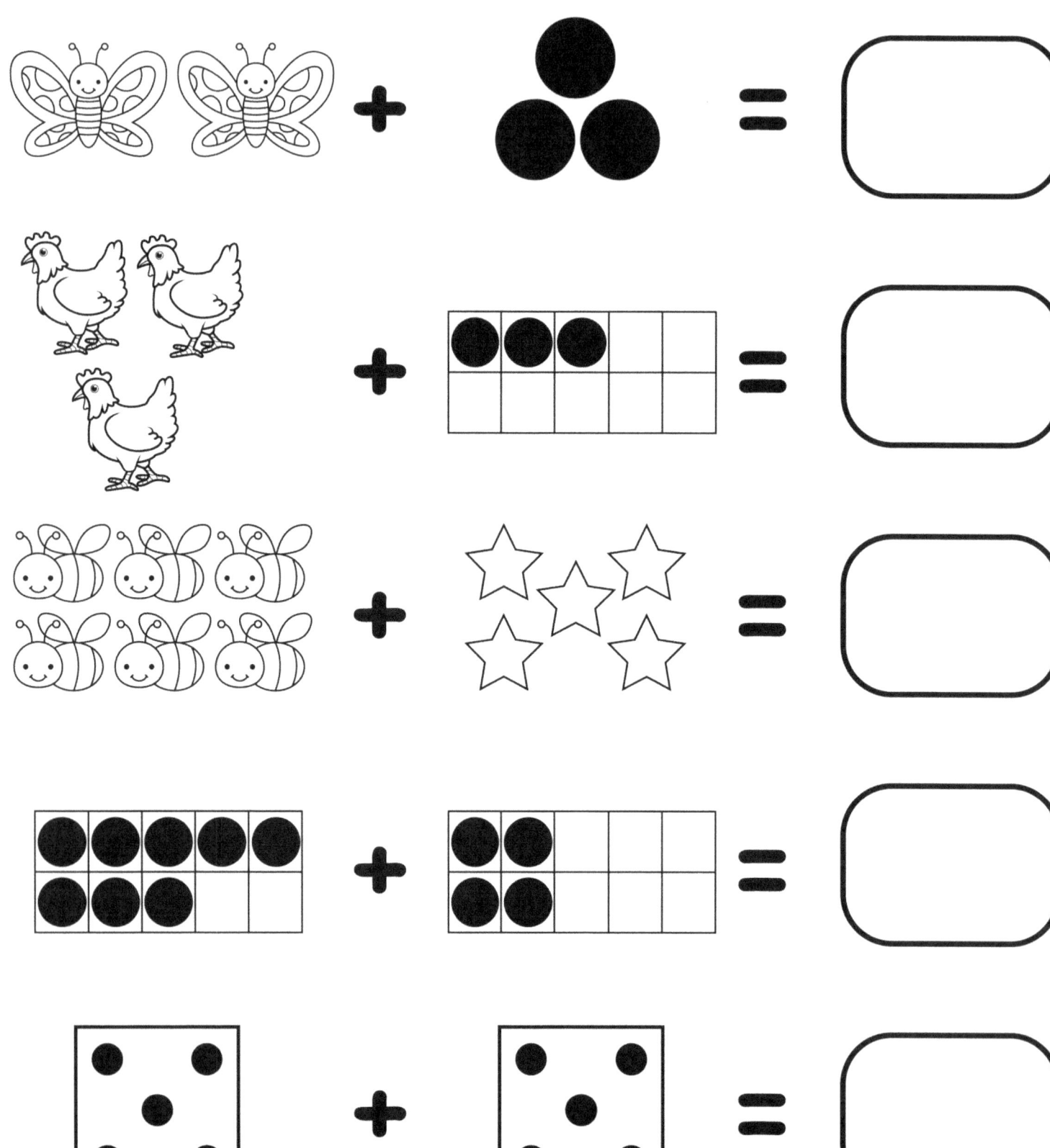

Addizione

Io cconto gli oggetti e io colore le scatole

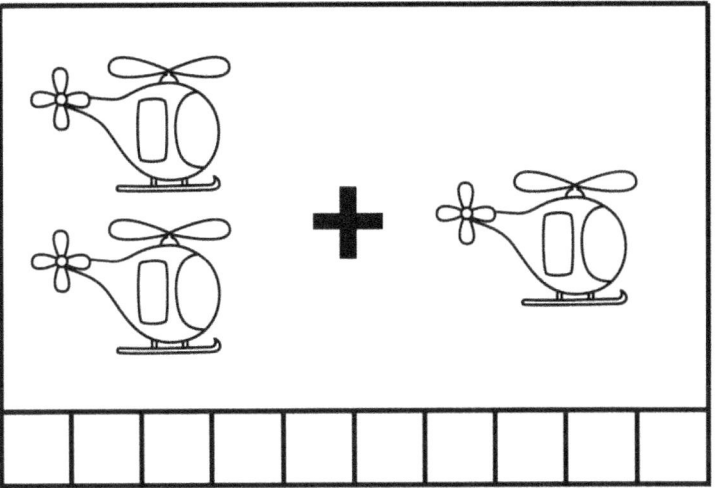
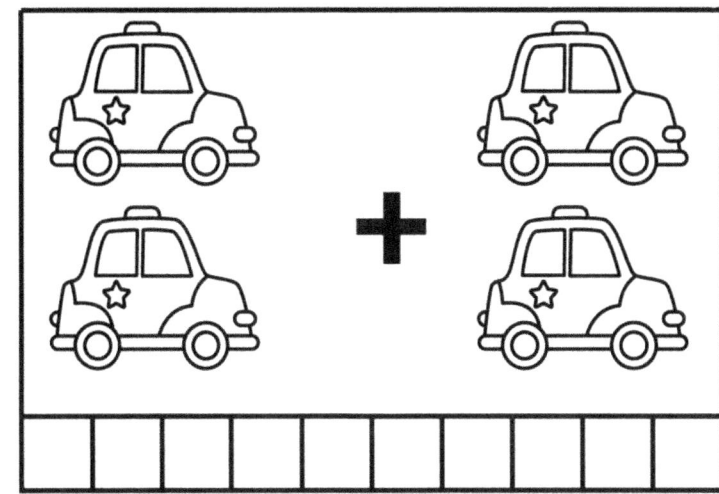

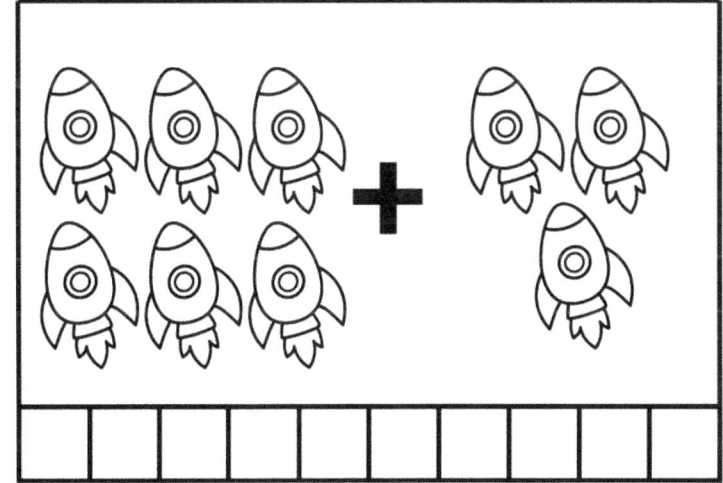
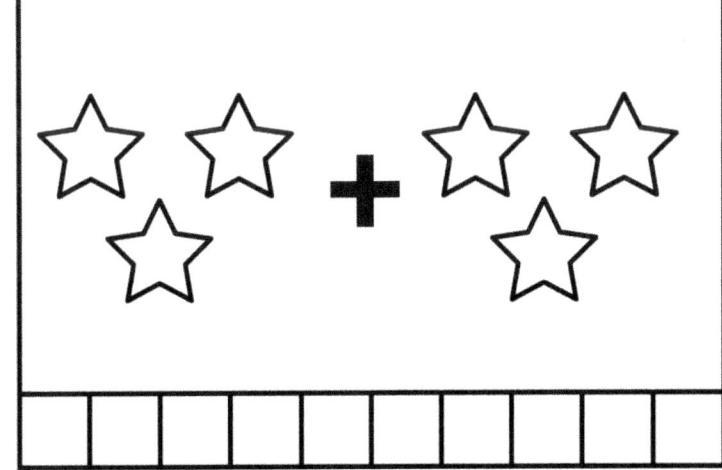
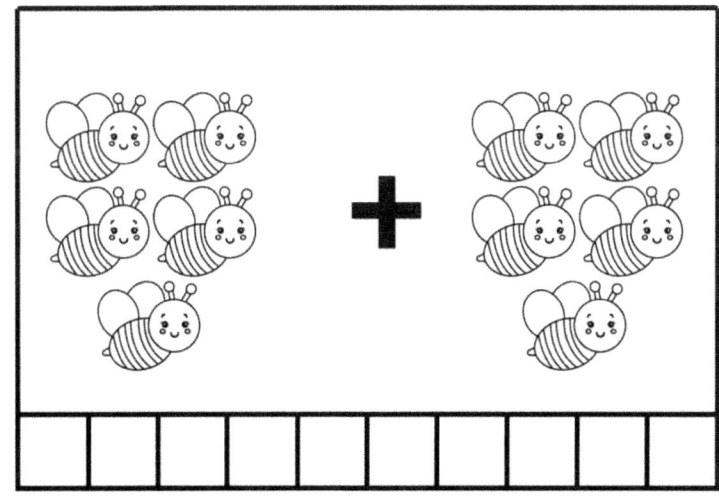

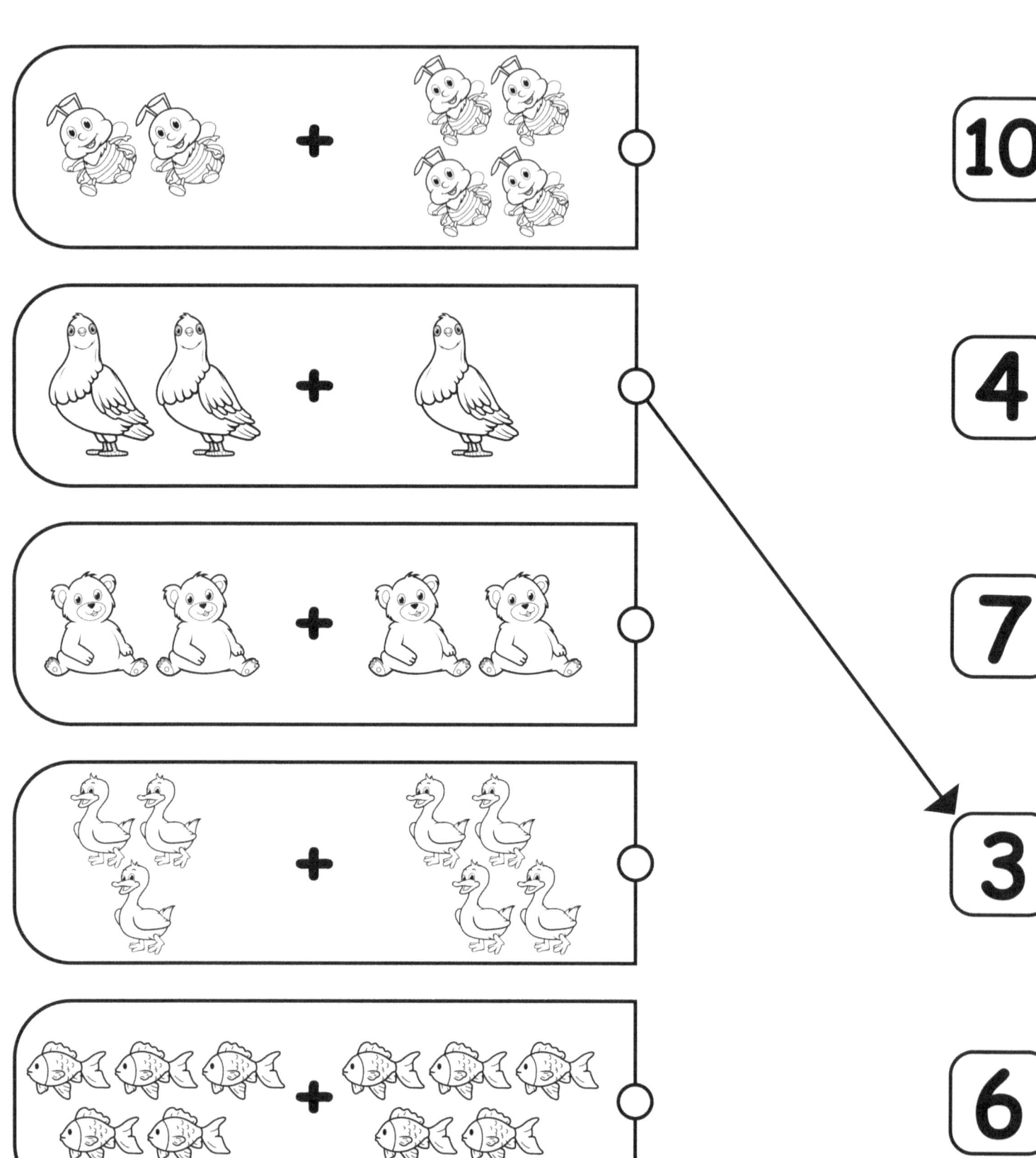

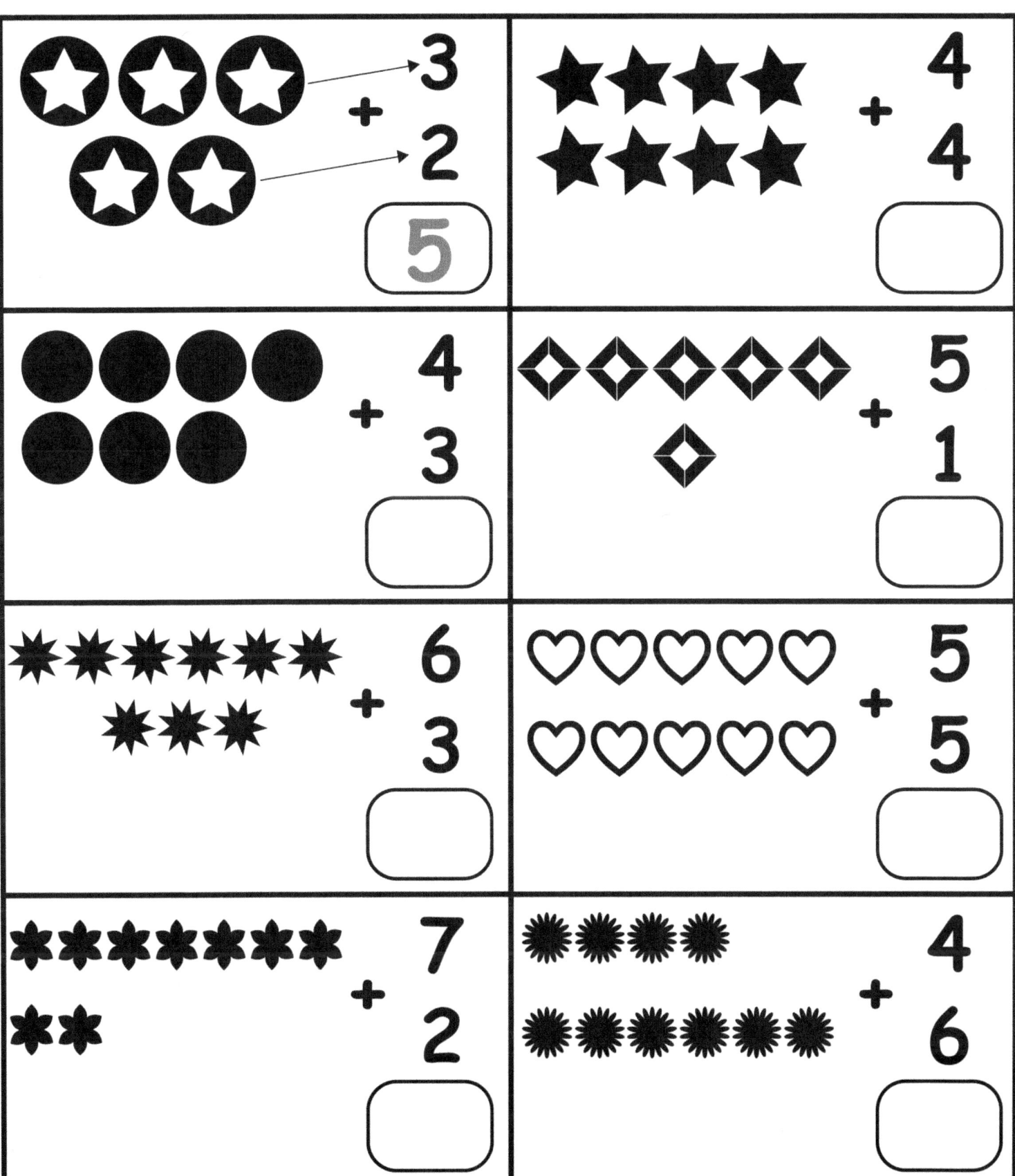

Addizione

Io faccio le seguenti aggiunte

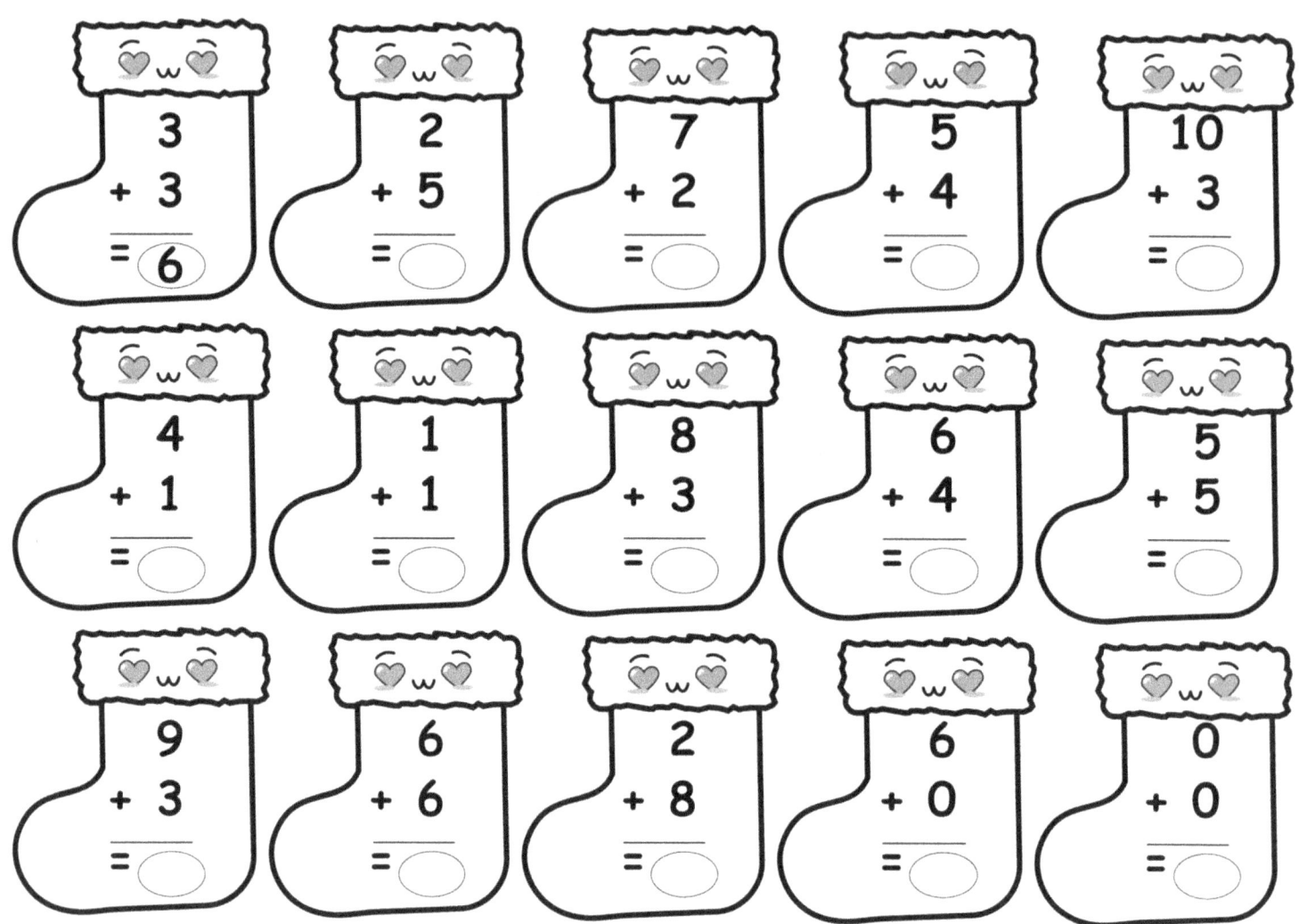

Io completo le seguenti aggiunte

Sottrazione

Io sottratto e scrivo il numero giusto

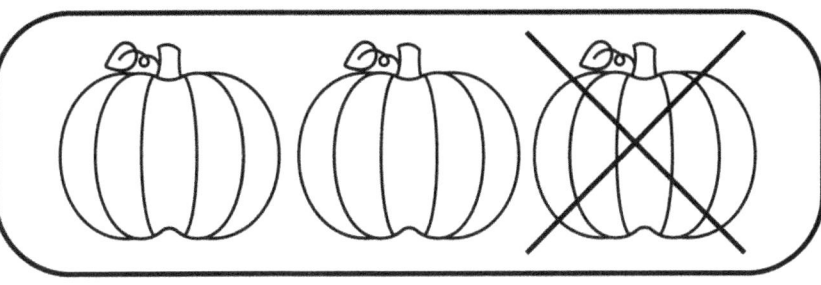 3 - 1 = 2

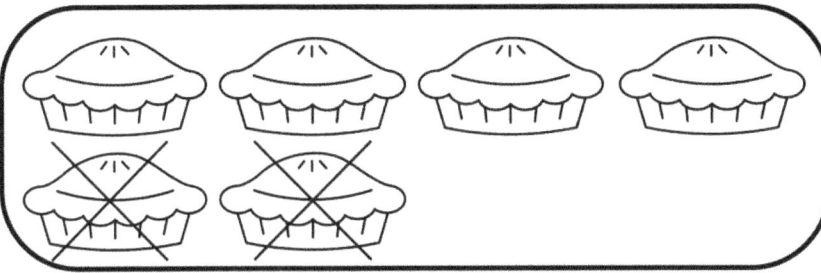 6 - 2 =

 5 - 3 =

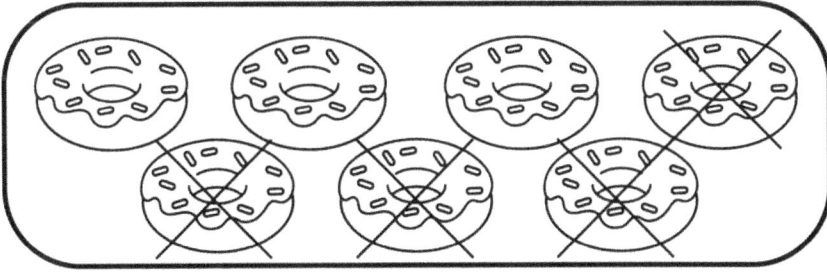 7 - 4 =

 8 - 4 =

 10 - 5 =

Addizione

Io calcolo i numeri e scrivo le risposte

+1
- 1 → = 2
- 2 → = 3
- 3 → = 4
- 4 → = 5
- 5 → = 6

+2
- 8 → = ☐
- 5 → = ☐
- 6 → = ☐
- 9 → = ☐
- 10 → = ☐

+3
- 2 → = ☐
- 6 → = ☐
- 5 → = ☐
- 11 → = ☐
- 12 → = ☐

+4
- 3 → = ☐
- 7 → = ☐
- 15 → = ☐
- 14 → = ☐
- 13 → = ☐

+5
- 8 → = ☐
- 10 → = ☐
- 11 → = ☐
- 12 → = ☐
- 15 → = ☐

+6
- 6 → = ☐
- 9 → = ☐
- 14 → = ☐
- 5 → = ☐
- 8 → = ☐

Sottrazione

Io conto e scelgo il numero giusto

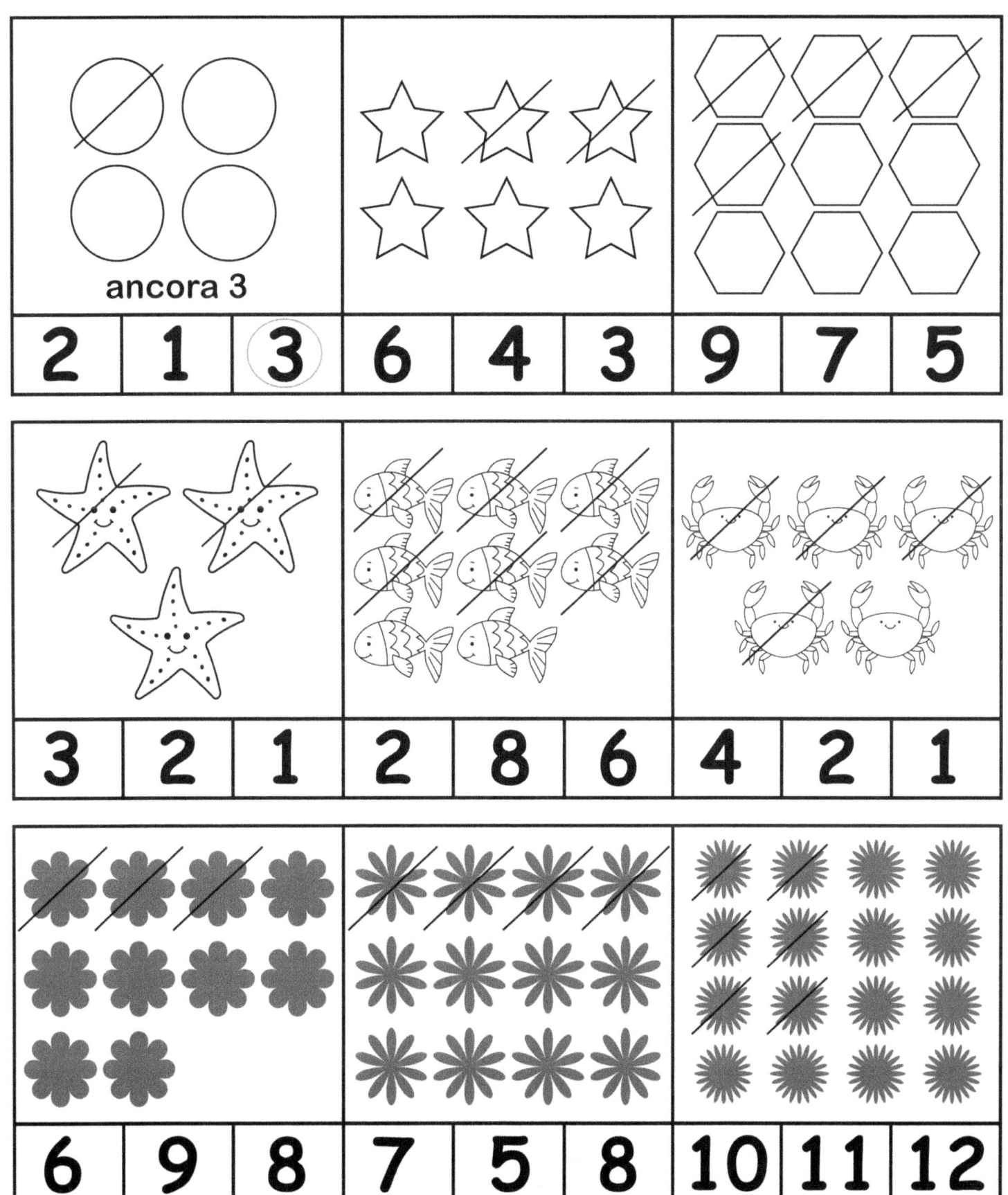

Sottrazione

Io sottratto e scrivo il numero giusto

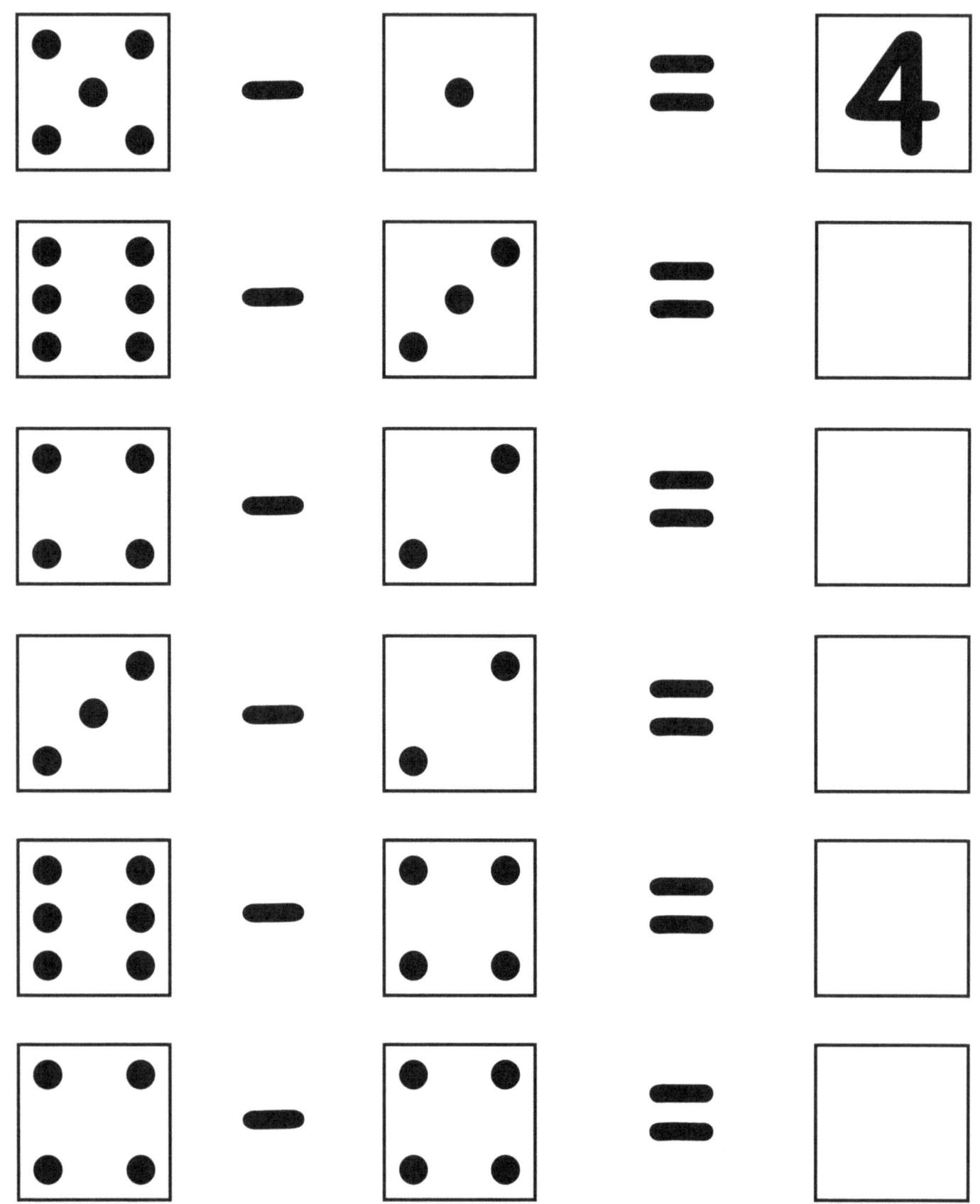

Tracciamento magico

Io traccio e colore il gufo

Sottrazione

Io calcolo e colore i cerchi

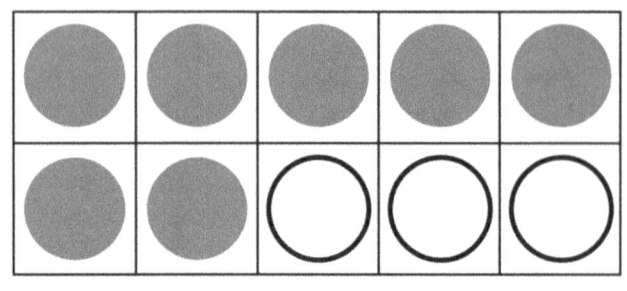

10 − 3 = 7

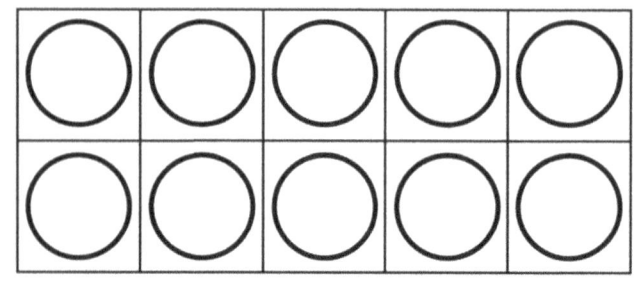

10 − 2 = ___

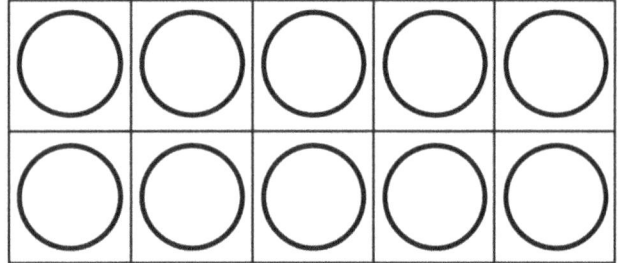

10 − 5 = ___

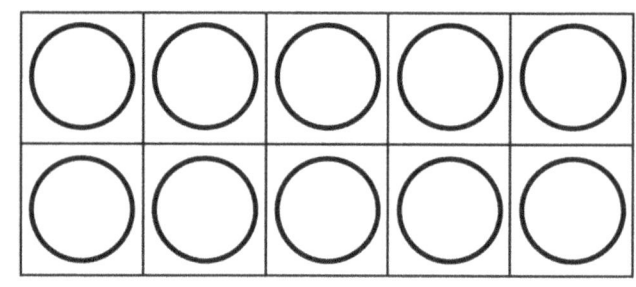

10 − 4 = ___

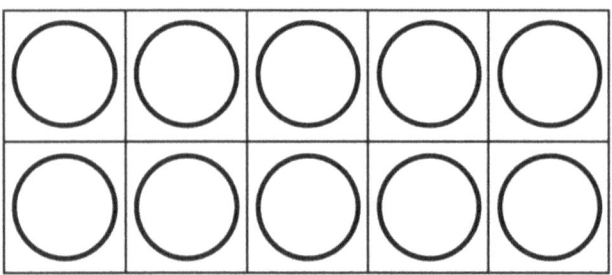

10 − 8 = ___

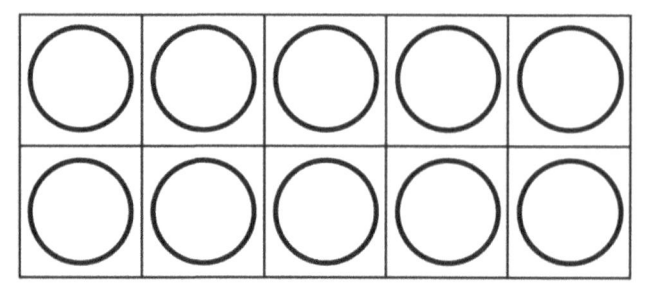

10 − 10 = ___

Labirinto

Io aiuto il topo a prendere il formaggio

Sottrazione

Io incrocio il numero corretto di animali e scrivo le risposte

4-1= 3

5-4=

8-5=

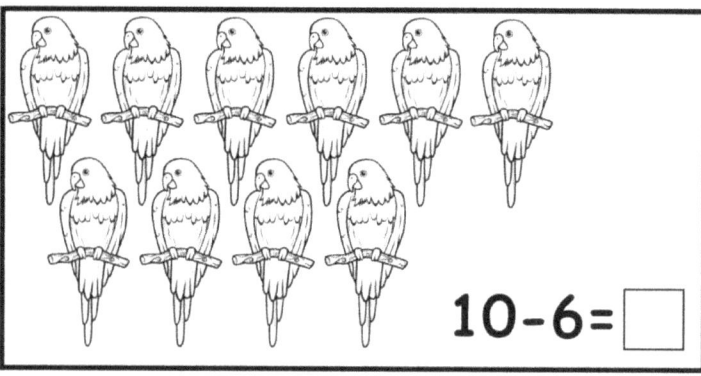

10-6=

Io incrocio il numero corretto di frutti e scrivo le risposte

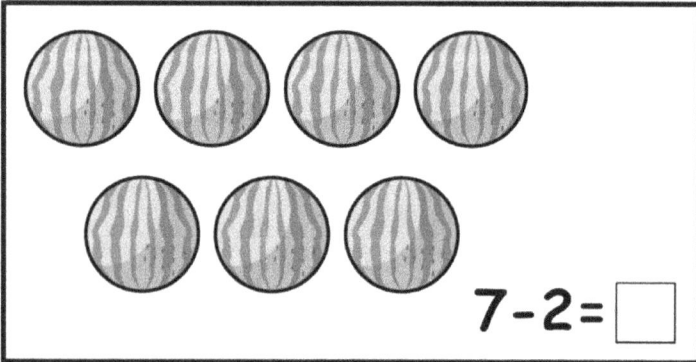

7-2=

10-10=

9-5=

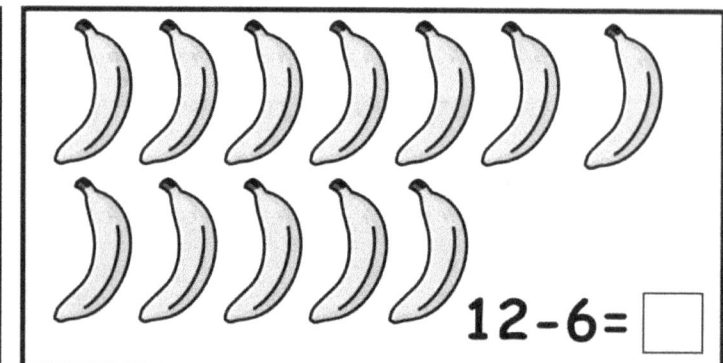

12-6=

Sottrazione

Io sottraggo e scrivo le risposte

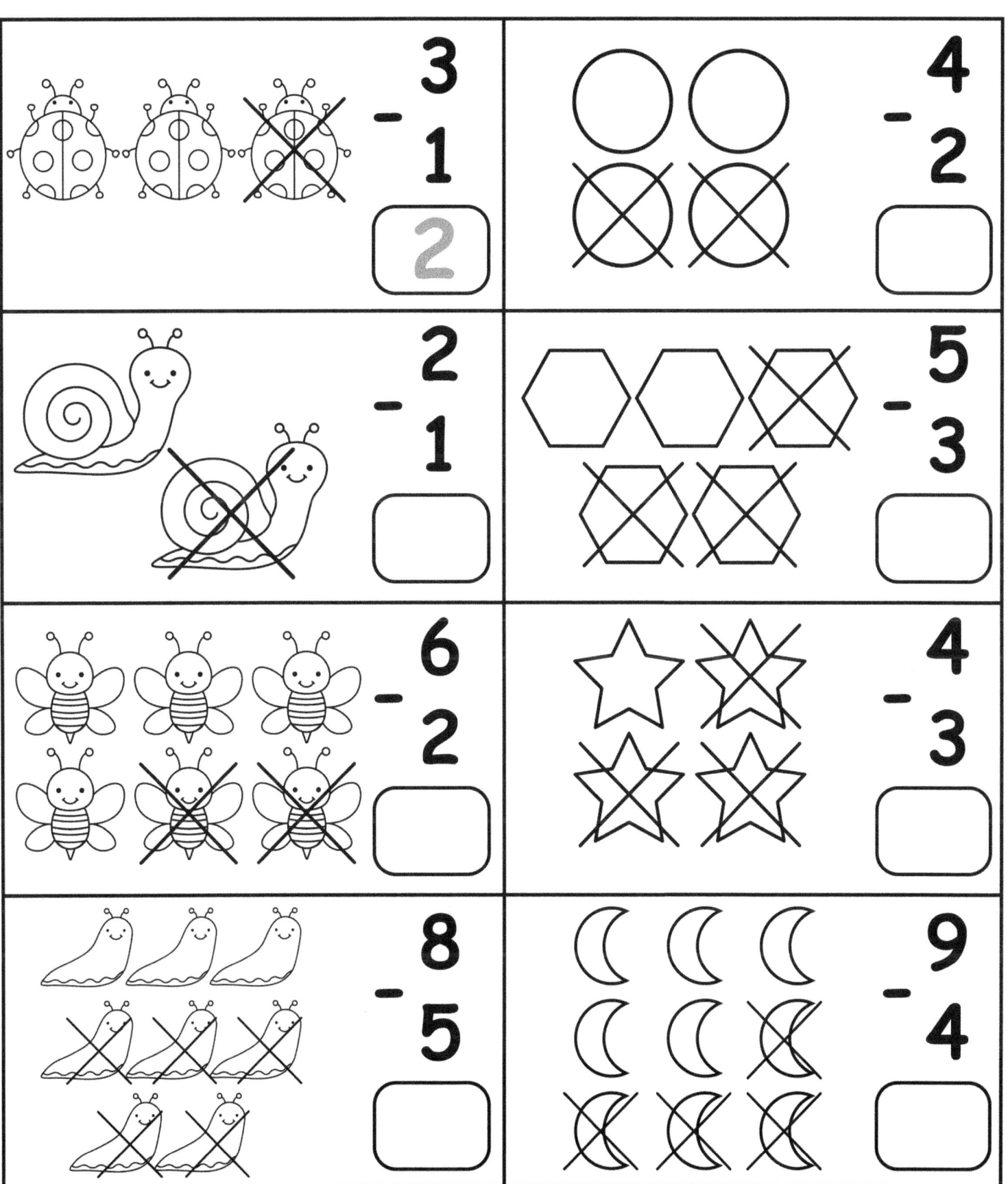

Sottrazione

Io sottraggo e scrivo le risposte
(Usa il tavolo)

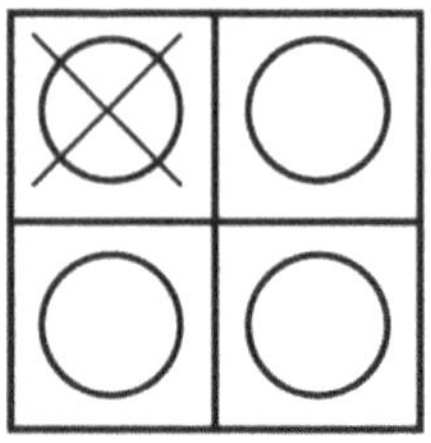

- 4 − 1 = 3 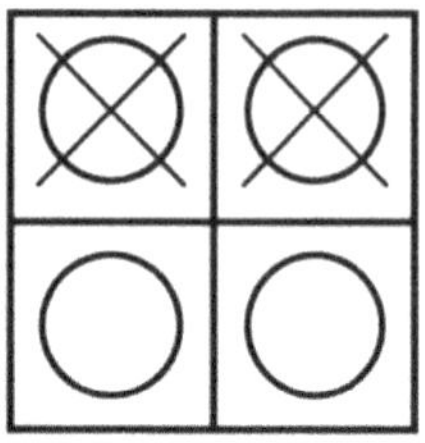
- 4 − 2 = 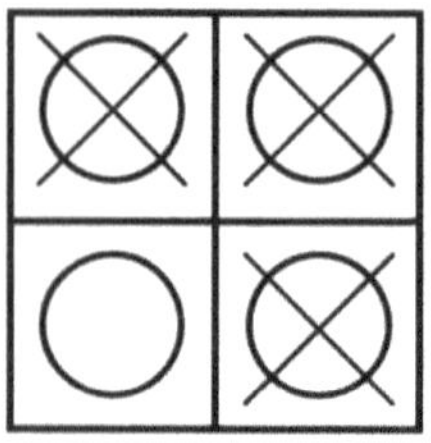
- 4 − 3 = 
- 4 − 4 =

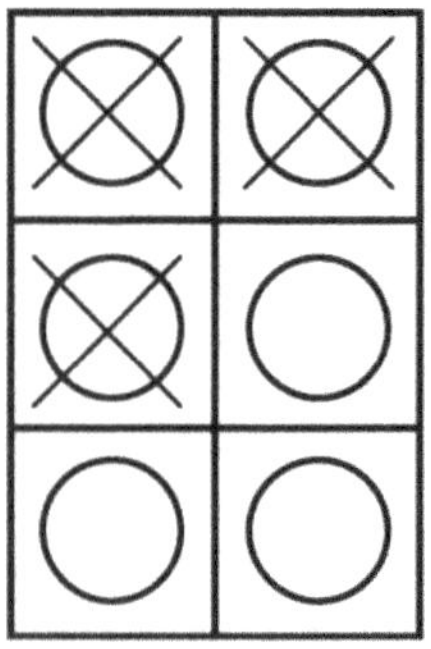

- 6 − 3 = 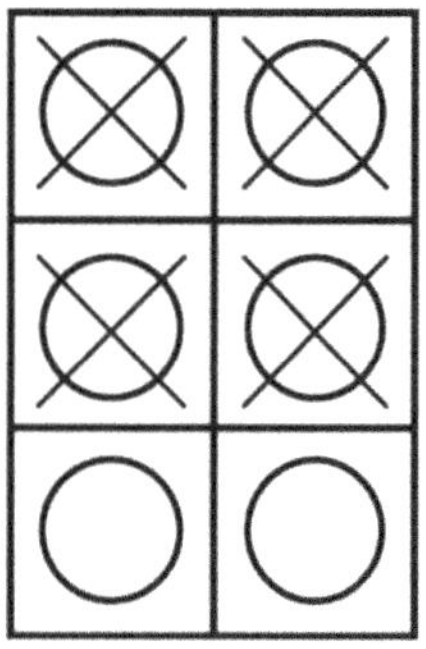
- 6 − 4 = 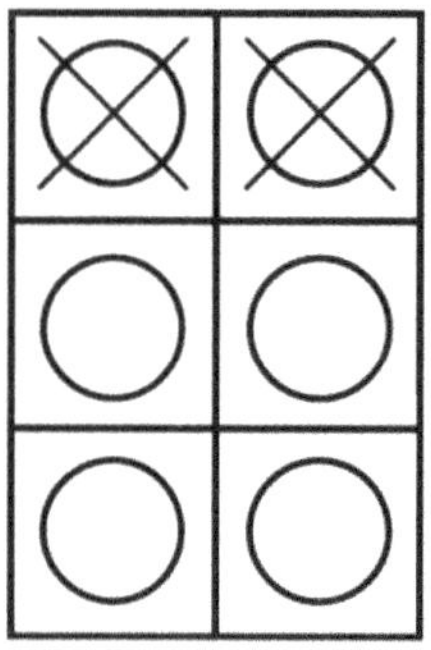
- 6 − 2 = 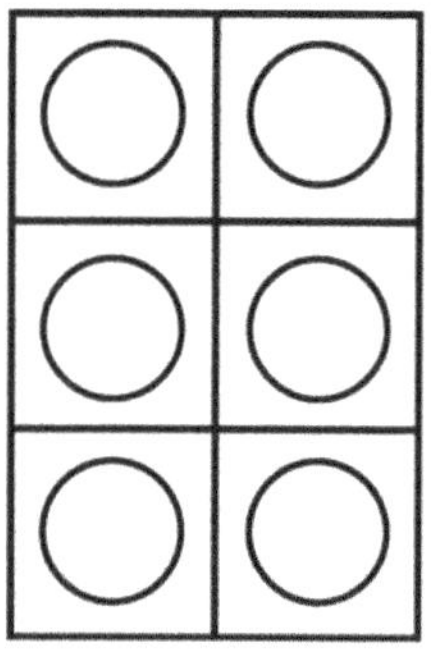
- 6 − 0 =

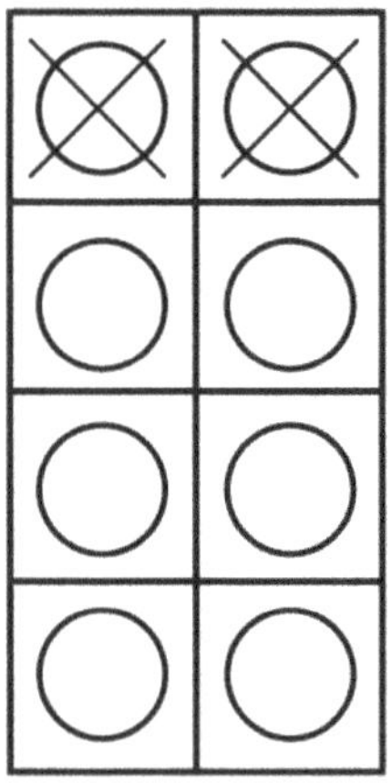

- 8 − 2 = 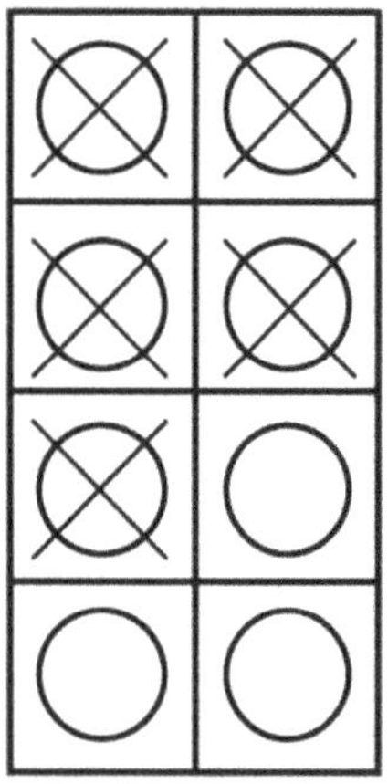
- 8 − 5 = 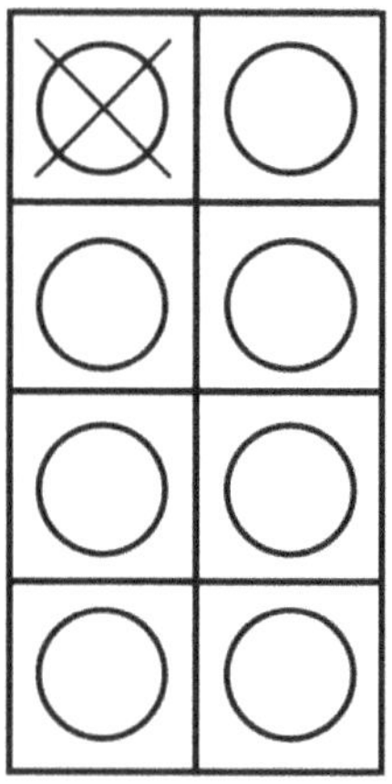
- 8 − 1 = 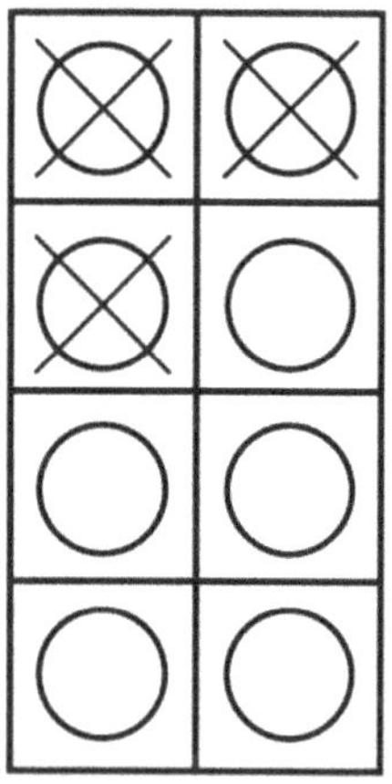
- 8 − 3 =

- 8 − 6 =
- 8 − 7 = 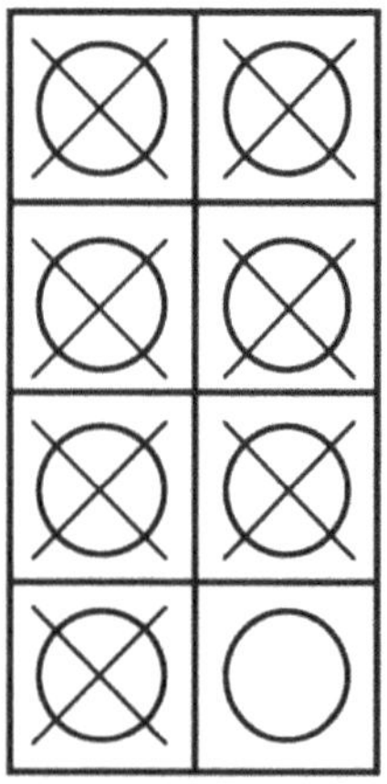
- 8 − 4 = 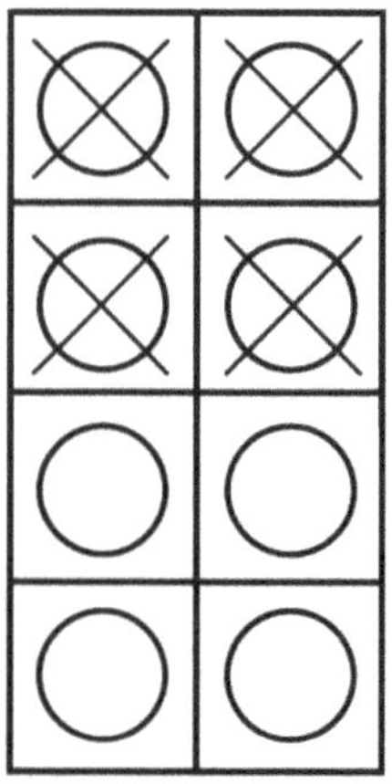
- 8 − 8 =

Labirinto

Io aiuto la scimmia a prendere la banana

Conta fino a 10, 20

Io scrivo i numeri mancanti nelle caselle per ottenere 10 e 20

10 + [0] = 10   10 + □ = 20

5 + □ = 10   15 + □ = 20

8 + □ = 10   12 + □ = 20

9 + □ = 10   17 + □ = 20

2 + □ = 10   19 + □ = 20

7 + □ = 10   18 + □ = 20

6 + □ = 10   13 + □ = 20

1 + □ = 10   11 + □ = 20

4 + □ = 10   14 + □ = 20

Collega i numeri

Io collego i numeri in ordine

Sottrazione

Io sottraggo e scrivo la risposta giusta

	−1			−2	
1 →		= 0	8 →		= ☐
2 →		= 1	5 →		= ☐
3 →		= 2	6 →		= ☐
4 →		= 3	9 →		= ☐
5 →		= 4	10 →		= ☐

	−3			−4	
4 →		= ☐	8 →		= ☐
6 →		= ☐	7 →		= ☐
5 →		= ☐	15 →		= ☐
11 →		= ☐	14 →		= ☐
12 →		= ☐	13 →		= ☐

	−5			−6	
8 →		= ☐	6 →		= ☐
10 →		= ☐	9 →		= ☐
11 →		= ☐	14 →		= ☐
12 →		= ☐	12 →		= ☐
15 →		= ☐	8 →		= ☐

Il maggior e il menior

Io cerchio il gruppo che contiene il maggior numero di elementi

 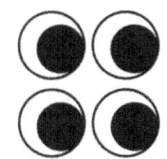 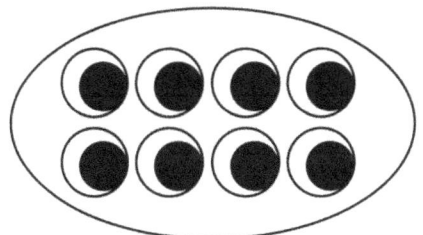

Io cerchio il gruppo che contiene il minor numero di elementi

 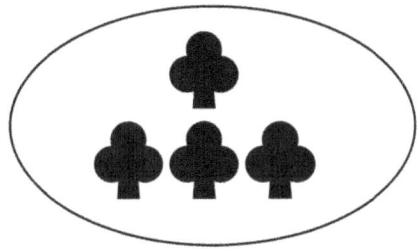 

  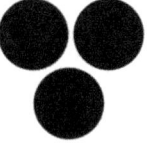

Di più, di meno

Io collega e indica con una x la frase corretta

☐ I topi sono di più del formaggio
☐ I topi sono di meno del formaggio

☐ I pesci sono di più delle tartarughe
☐ I pesci sono di meno delle tartarughe

☐ I conigli sono di più delle carote
☐ I conigli sono di meno delle carote

Tracciamento magico

Io traccio e colore l'elefante

Labirinto

Io aiuto la gallina a raggiungere i suoi pulcini

Sottrazione

Io sottraggo e colore

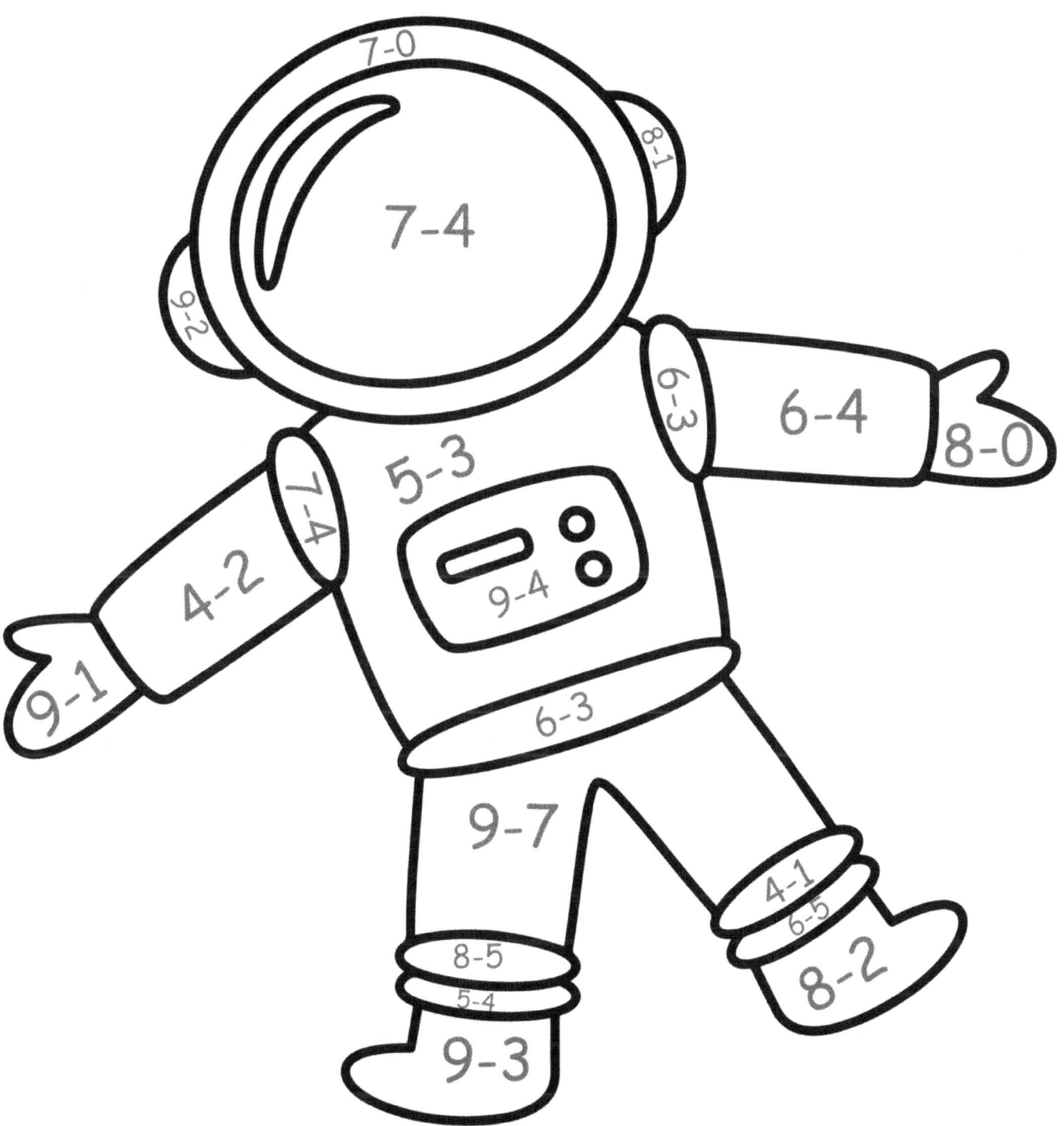

- **5** Rosso
- **7** Blu
- **4** Giallo
- **1** Verde
- **8** Viola
- **3** Nero
- **2** Arancione
- **6** Grigio

Numeri pari e dispari

- I numeri pari terminano con 0,2,4,6
- I numeri dispari terminano con 1,3,5,7

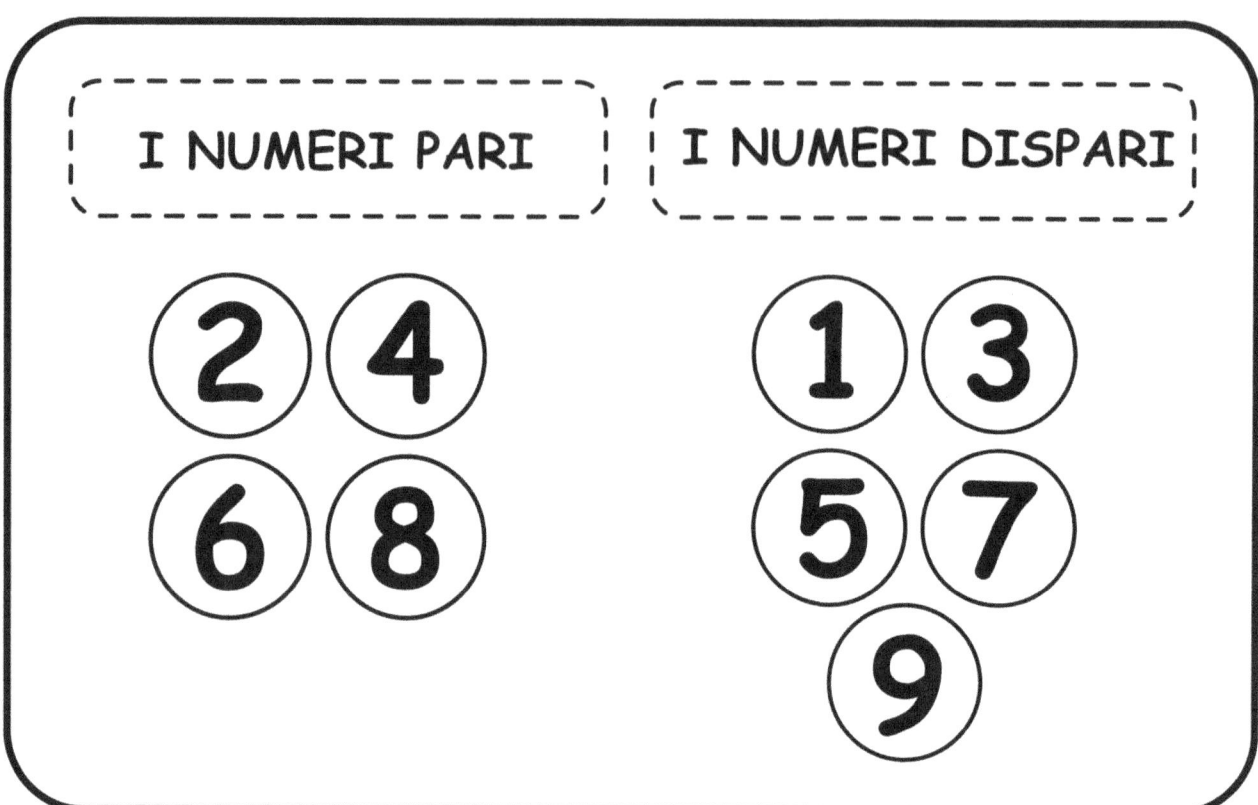

Esempio: 12 è un numero pari

Esempio: 19 è un numero dispari

   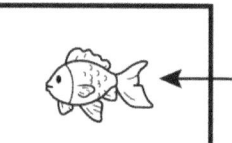 ← È solo

Numeri pari e dispari

Io completo le caselle con numeri pari e dispari

1	3	5							

0	2	4							

Io cerchio i numeri pari

0   3   2   5   8   12   17
20   14   15   30   25   26   21

Io cerchio i numeri dispari

1   5   2   7   6   12   15
21   24   23   11   13   28   16

Io classifico questi numeri

1	5	10	21	30	33	47	54	58	65

I NUMERI PARI	I NUMERI DISPARI

Il doppio

1 + 1 = 2

2 + 2 = 4

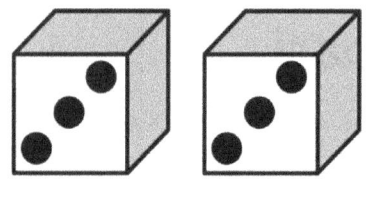 3 + 3 = 6

 4 + 4 = 8

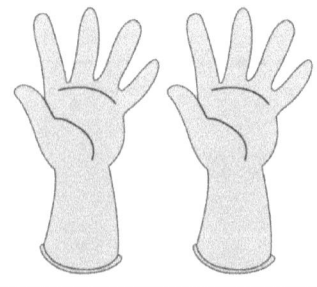 5 + 5 = 10

Il doppio

$$2 + 2 = 4$$

Io disegno i cerchi e scrivo la seguente aggiunta per mostrare i doppi

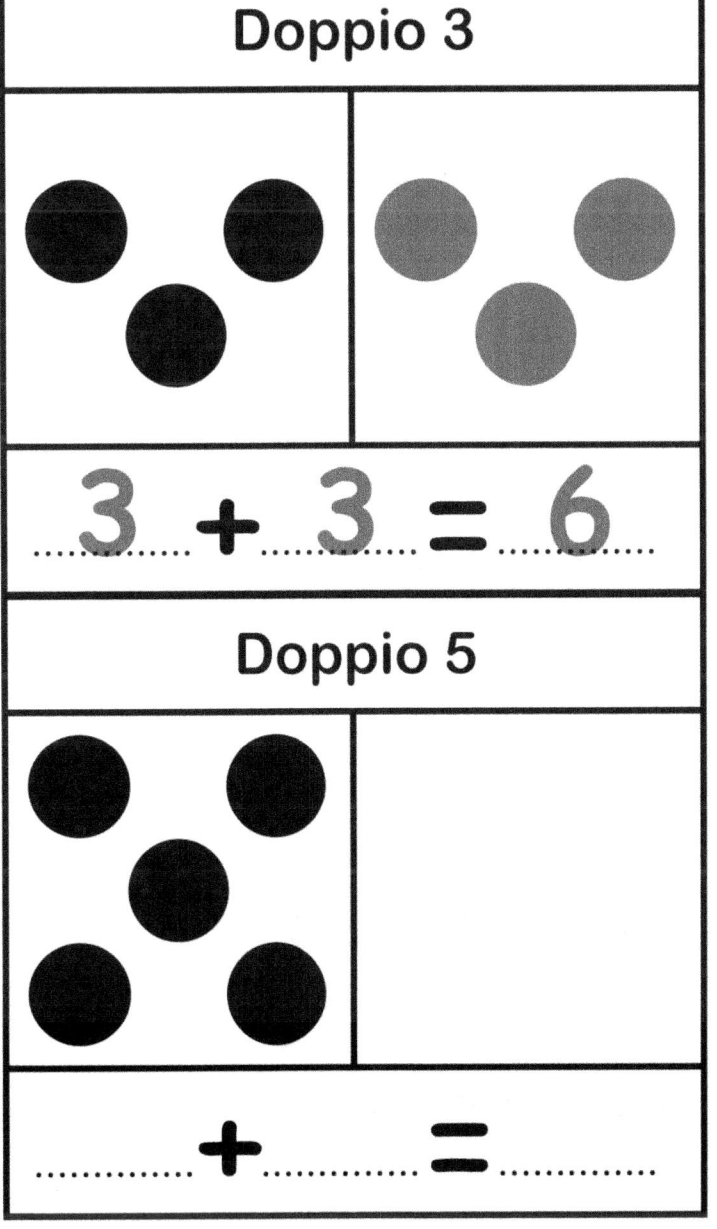

Doppio 3

3 + 3 = 6

Doppio 4

___ + ___ = ___

Doppio 5

___ + ___ = ___

Doppio 6

___ + ___ = ___

La metà

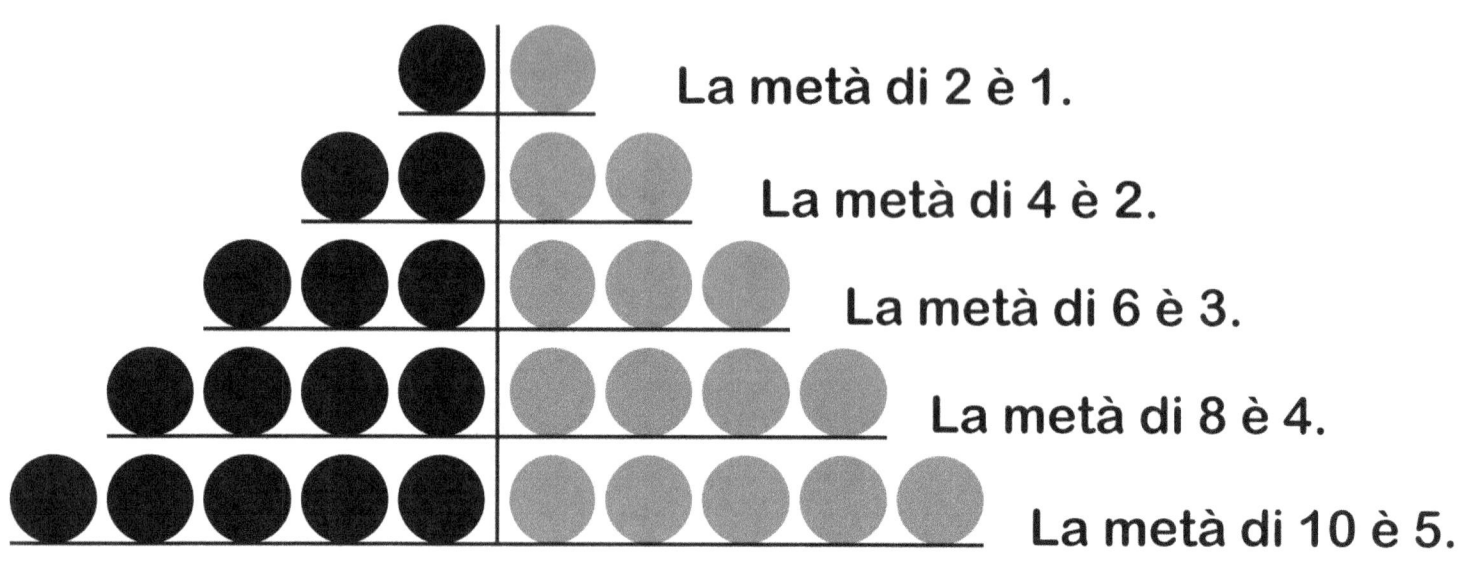

La metà di 2 è 1.
La metà di 4 è 2.
La metà di 6 è 3.
La metà di 8 è 4.
La metà di 10 è 5.

Io scrivo i numeri a metà

La metà 2 è ....

La metà 4 è ....

La metà 6 è ....

La metà 8 è ....

La metà 10 è ....

La mètà 12 è ....

Il doppio e la metà

Io scrivo i numeri doppi

2 → 4
4 → 8
3 → 6

8 → ☐
7 → ☐
9 → ☐

1 → ☐
5 → ☐
6 → ☐

10 → 20
11 → ☐
12 → ☐

Io scrivo i numeri mèta

2 → 1
4 → 2
6 → 3

14 → ☐
16 → ☐
18 → ☐

8 → ☐
10 → ☐
12 → ☐

20 → ☐
22 → 11
24 → ☐

Labirinto

Io aiuto l'orso a prendere i pesci

Segni di conteggio

Quali segni di conteggio mostrano 11 ?

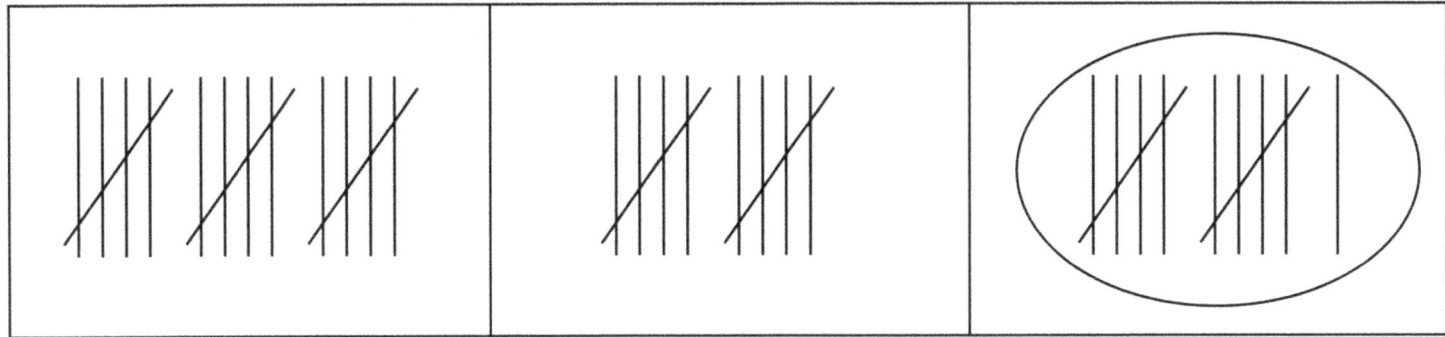

Quali segni di conteggio mostrano 13 ?

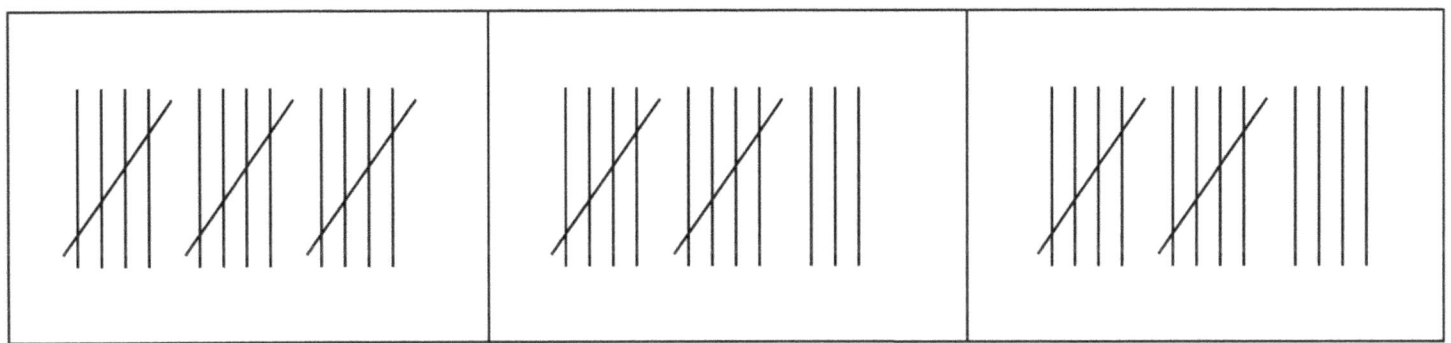

Quali segni di conteggio mostrano 15 ?

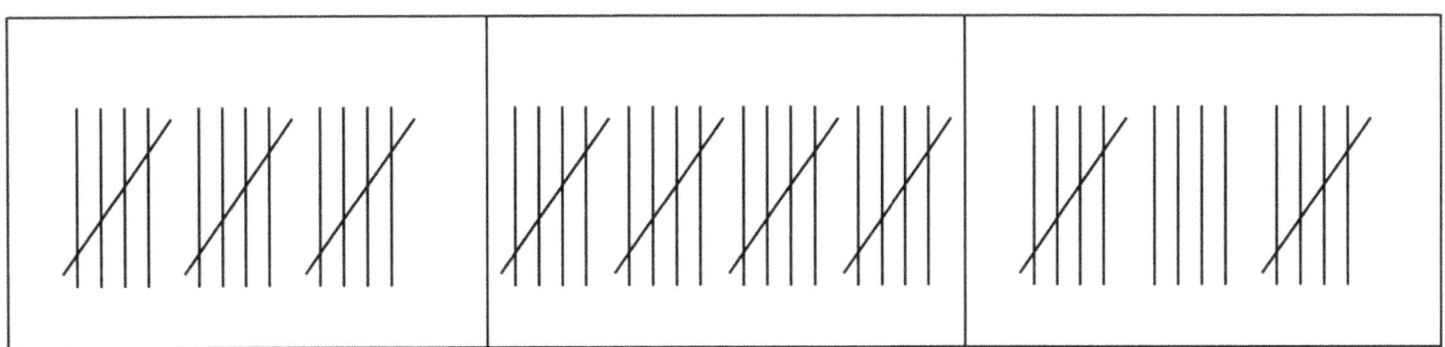

Quali segni di conteggio mostrano 20 ?

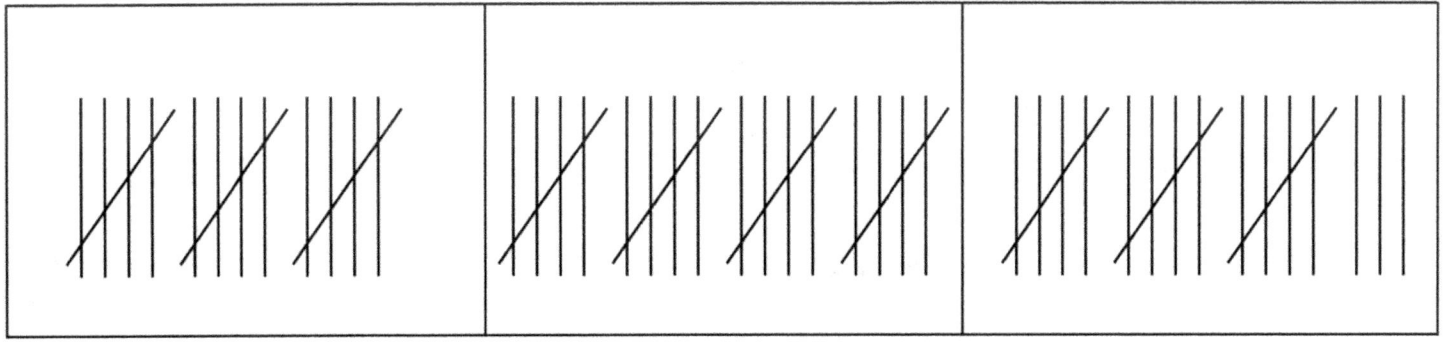

Condivisione

Io condivido equamente

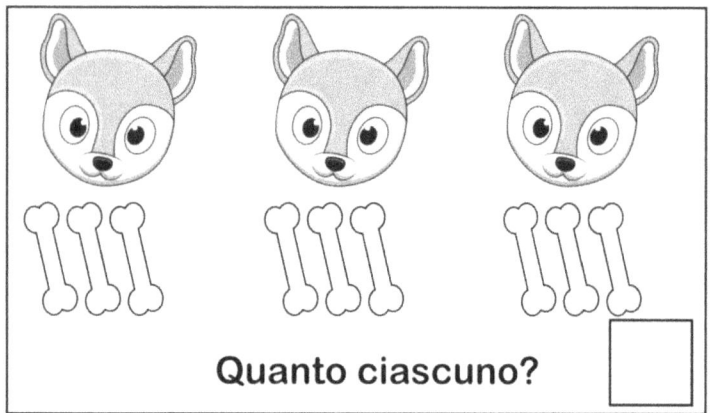
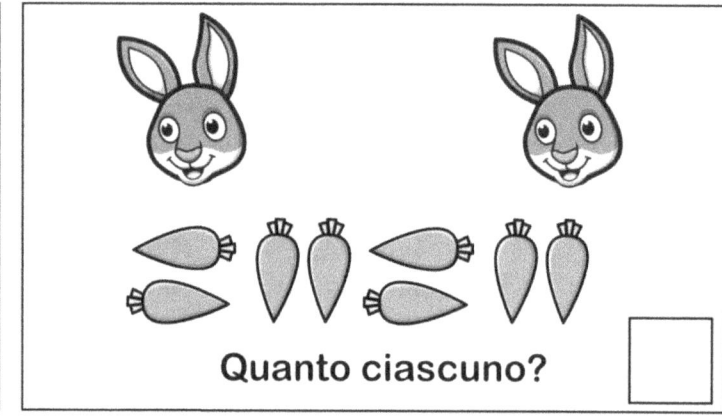
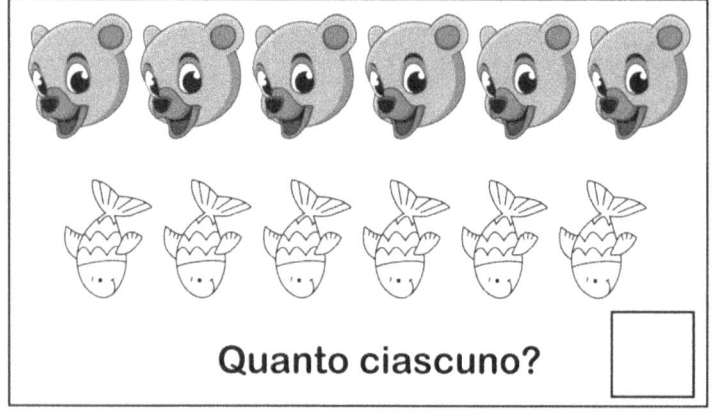

Io calcolo e scrivo il numero corretto

6 + 0 = 6   3 + 5 = ☐   4 + ☐ = 15
11 + 3 = ☐   7 + 0 = ☐   9 + 9 = ☐
8 + 1 = ☐   5 + 5 = ☐   ☐ + 2 = 18

Quanti euro

1 euro

2 euro

5 euro

10 euro

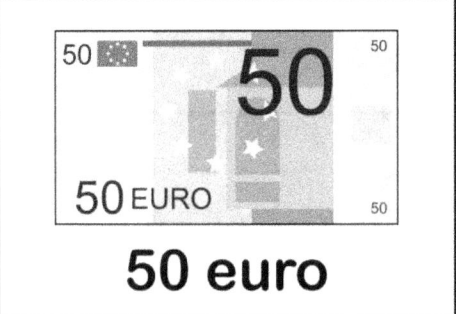
20 euro

50 euro

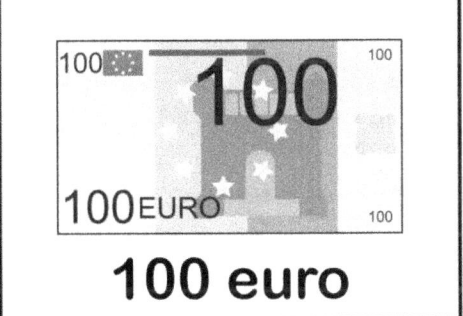
100 euro

200 euro

500 euro

Quanti soldi?

Ci sono 3 euro

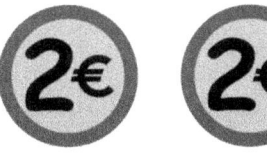
Ci sono........... euro

Ci sono........... euro

Ci sono........... euro

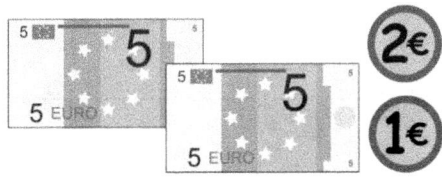
Ci sono........... euro

Ci sono........... euro

Quanti euro

Io conto e mi connetto

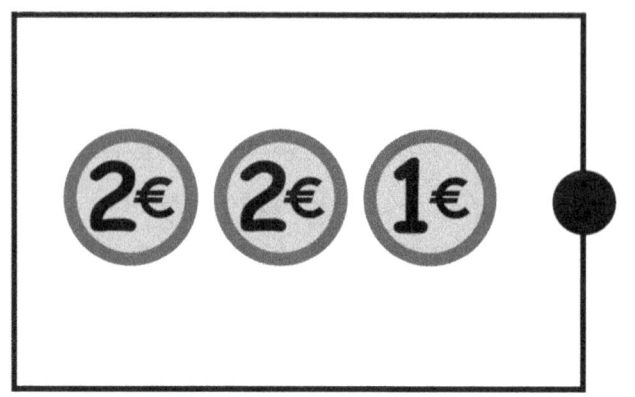

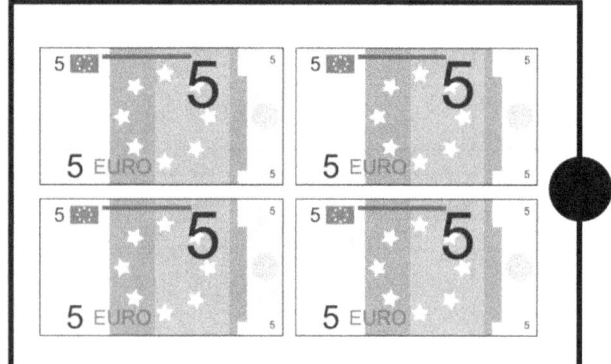

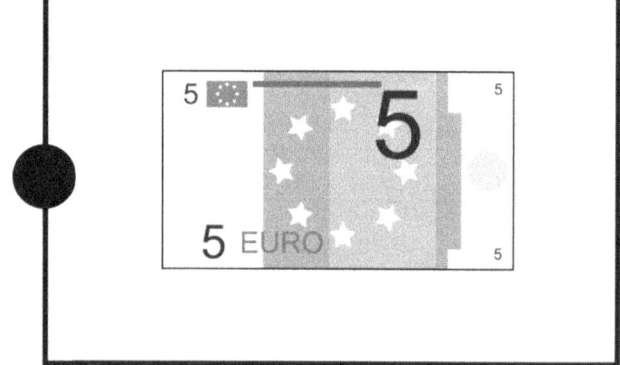
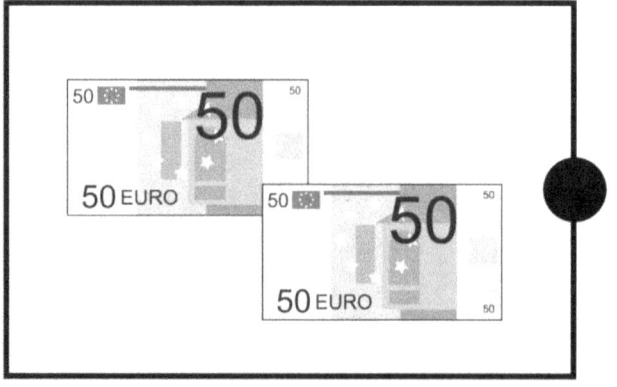

Quanto costa?

ball, car	12€ + 25€	............€
rocking horse, abacus	20€ + 15€	............€
pinwheel, drum	5€ + 10€	............€
abacus, ball	15€ + 12€	............€
drum, rocking horse	10€ + 20€	............€

Maggiore e Minore

Io disegno i coccodrilli affamati
Mangiano sempre il gran numero

6 > 4	3 < 12
5 < 9	4 < 14
7 < 13	5 < 15
14 > 6	15 < 20
10 > 2	12 < 13
20 > 10	2 > 0

Maggiore e Minore

Io scrivo il segno appropriato > o <

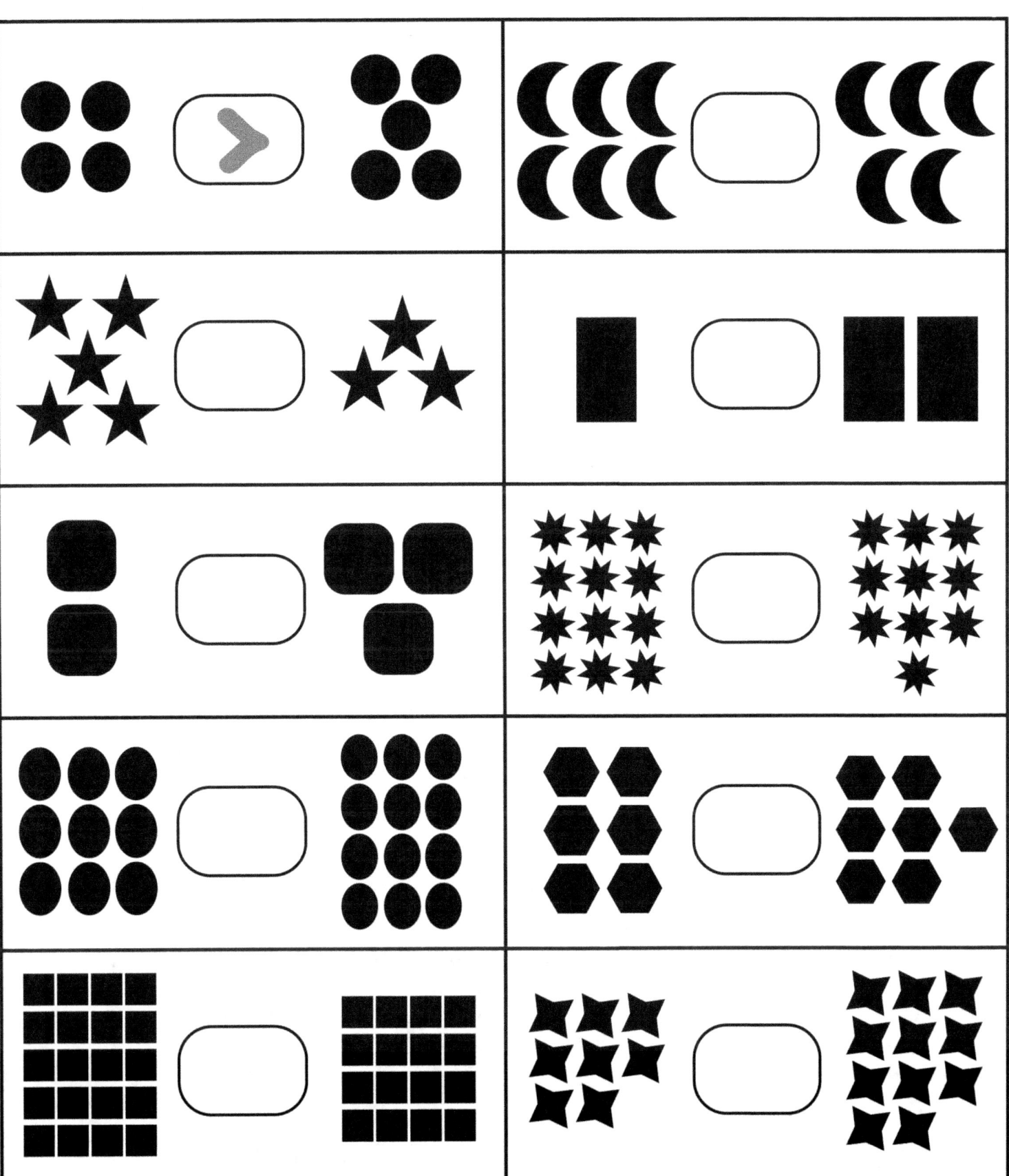

Che ore sono?

Sono le tre

Sono le otto e dieci

Sono le sette e mezza

sono le tre meno venti

sono le undici e un quarto

È mezzogiorno

sono le cinque meno un quarto

È mezzanotte

Che ore sono?

Io leggo e scelgo la risposta corretta

☐ Sono le 2
☐ Sono le 6
✓ Sono le 3

☐ Sono le 4
☐ Sono le 7
☐ Sono le 8

☐ Sono le 5
☐ Sono le 10
☐ Sono le 11

☐ Sono le 11
☐ Sono le 9
☐ Sono le 10

☐ Sono le 9
☐ Sono le 5
☐ Sono le 8

☐ Sono le 11
☐ Sono le 1
☐ Sono le 7

☐ Sono le 5
☐ Sono le 8
☐ Sono le 6

☐ Sono le 7
☐ Sono le 2
☐ Sono le 6

Io leggo e disegno le lancette dell'orologio

03:00

07:00

02:00

12:00

Che ore sono?

Io scelgo e scrivo l'ora corretta

É l'_____   Sono le_____   Sono le_____

Sono le_____   Sono le_____   Sono le_____

Sono le_____   Sono le_____   É_____
                                                                                                                       É_____

---

tre   sei   dieci   mezzogiorno   sette

mezzanotte   una   quattro   nove   undici

Dov'è la differenza

Io cerchio l'immagine diversa

Usa il tavolo

Io uso la tabella per rispondere alle domande
Io cerchia la risposta corretta

	BICCHIERI D'ACQUA	BICCHIERI D'ACQUA
Nomi	Lunedì	Martedì
Abramo	4	6
Adriano	5	7
Byanca	5	8
Calynda	6	4

- Che ha bevuto meno acqua il martedì? Adriano (Calynda)
- Quanti bicchieri d'acqua ha bevuto Abramo martedì? 4 6
- Chi ha bevuto 8 bicchieri d'acqua martedì? Calynda Byanca
- chi ha bevuto 10 bicchieri d'acqua in totale? Abramo Adriano
- Chi ha bevuto più bicchieri d'acqua? Adriano Byanca
- Chi ha bevuto meno bicchieri d'acqua lunedì? Byanca Abramo
- Quanti bicchieri d'acqua hanno bevuto insieme Abramo e Calynda lunedì? 10 9

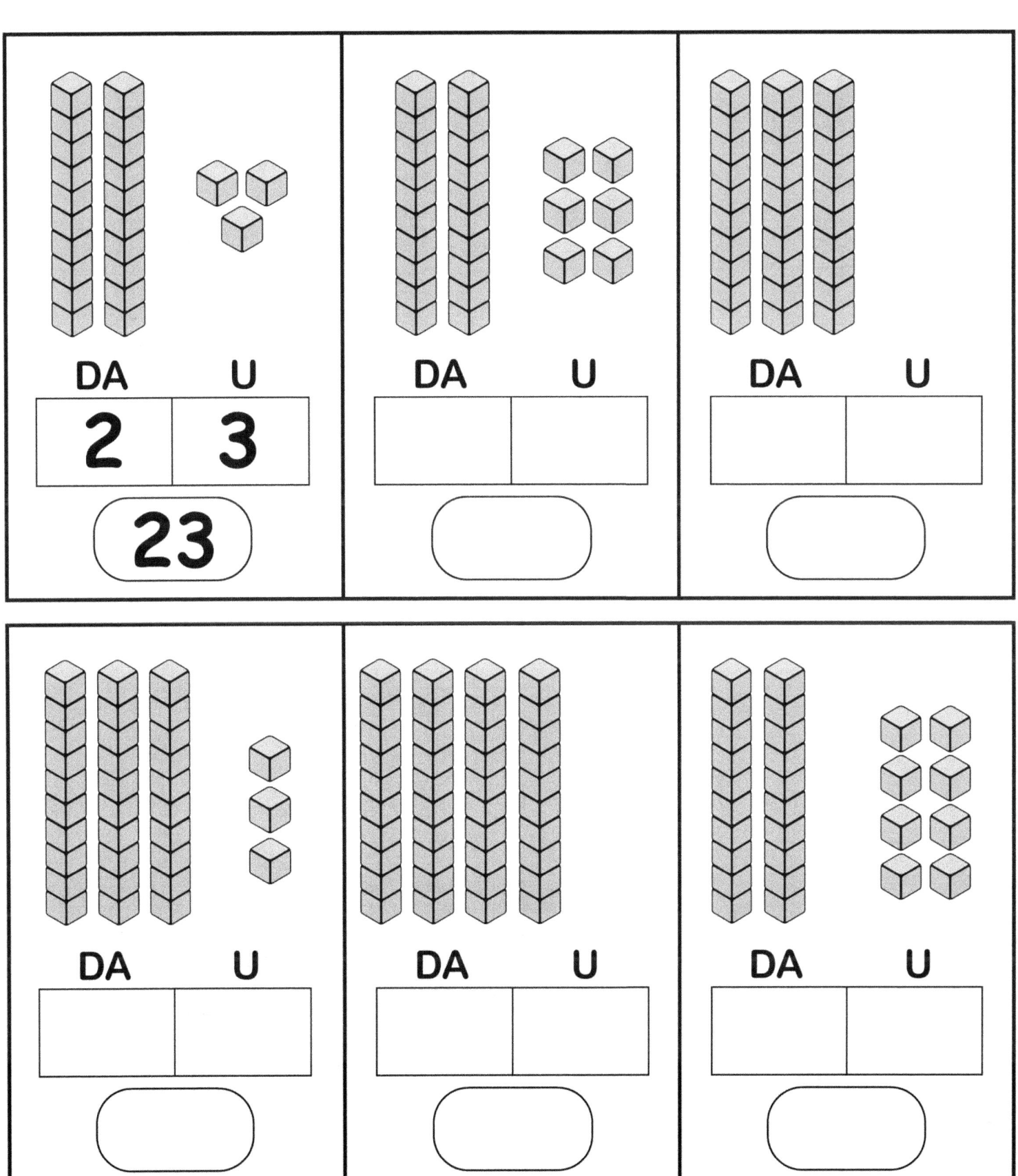

Decine e Unità

Io raggruppo per 10 e scrivo i numeri nella tabella

DA	U
1	3

DA	U

DA	U

DA	U

Immagini e ombre

Io traccio una linea tra l'immagine e la sua ombra

Forme

Io uso i colori e scrivo quante forme

	Giallo	
○	Blu	
□	Verde	
△	Rosso	

○	Verde	
□	Giallo	
△	Rosso	
▭	Blue	

○	Giallo	
□	Verde	
△	Blue	
▭	Rosso	

Simmetria

Io disegno l'altro lato dell'immagine

Simmetria

Io disegno l'altro lato dell'immagine

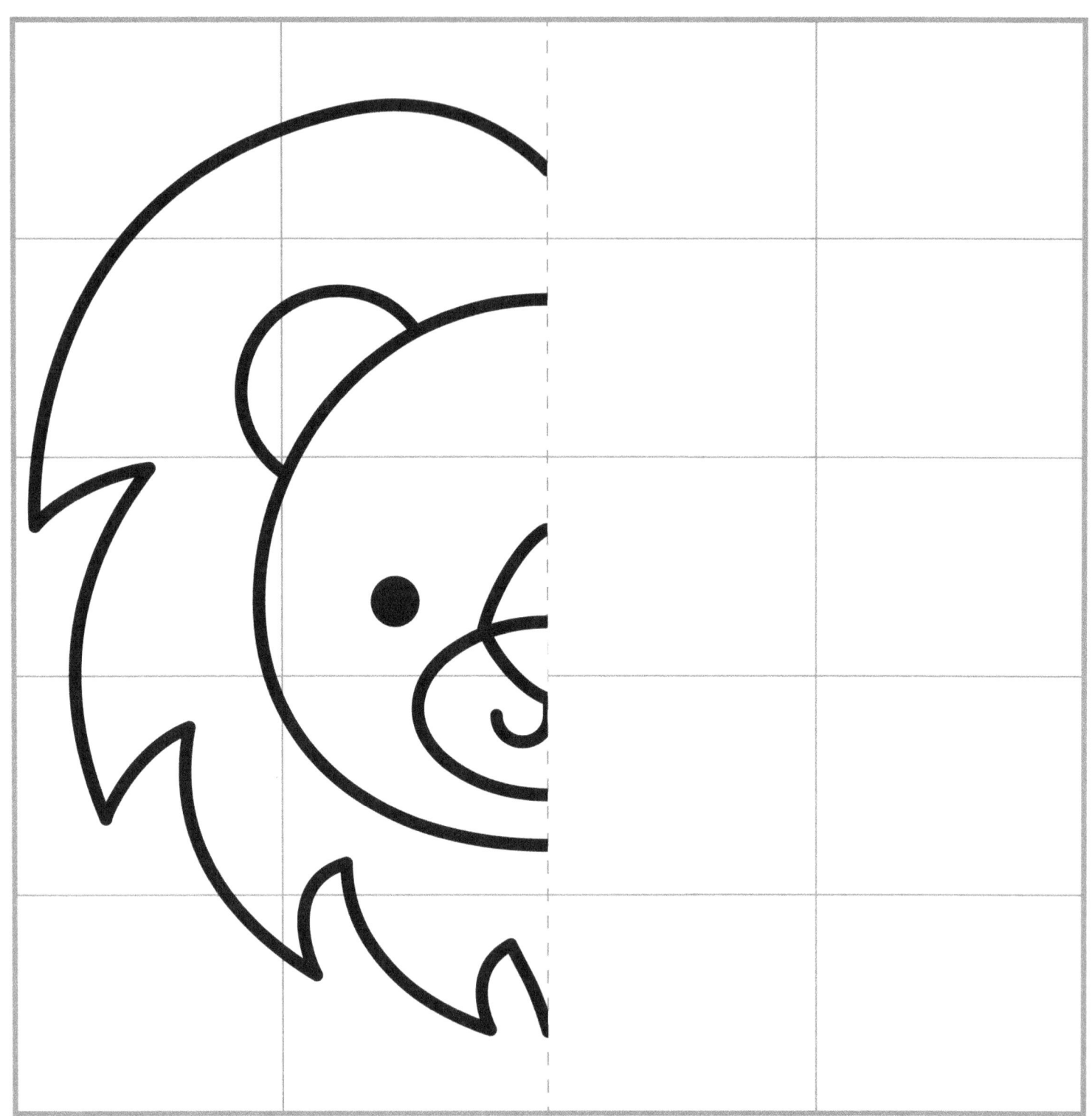

Simmetria

Io disegno l'altro lato dell'immagine

Simmetria

Io disegno l'altro lato dell'immagine

Collega i numeri

Io collego i numeri in ordine

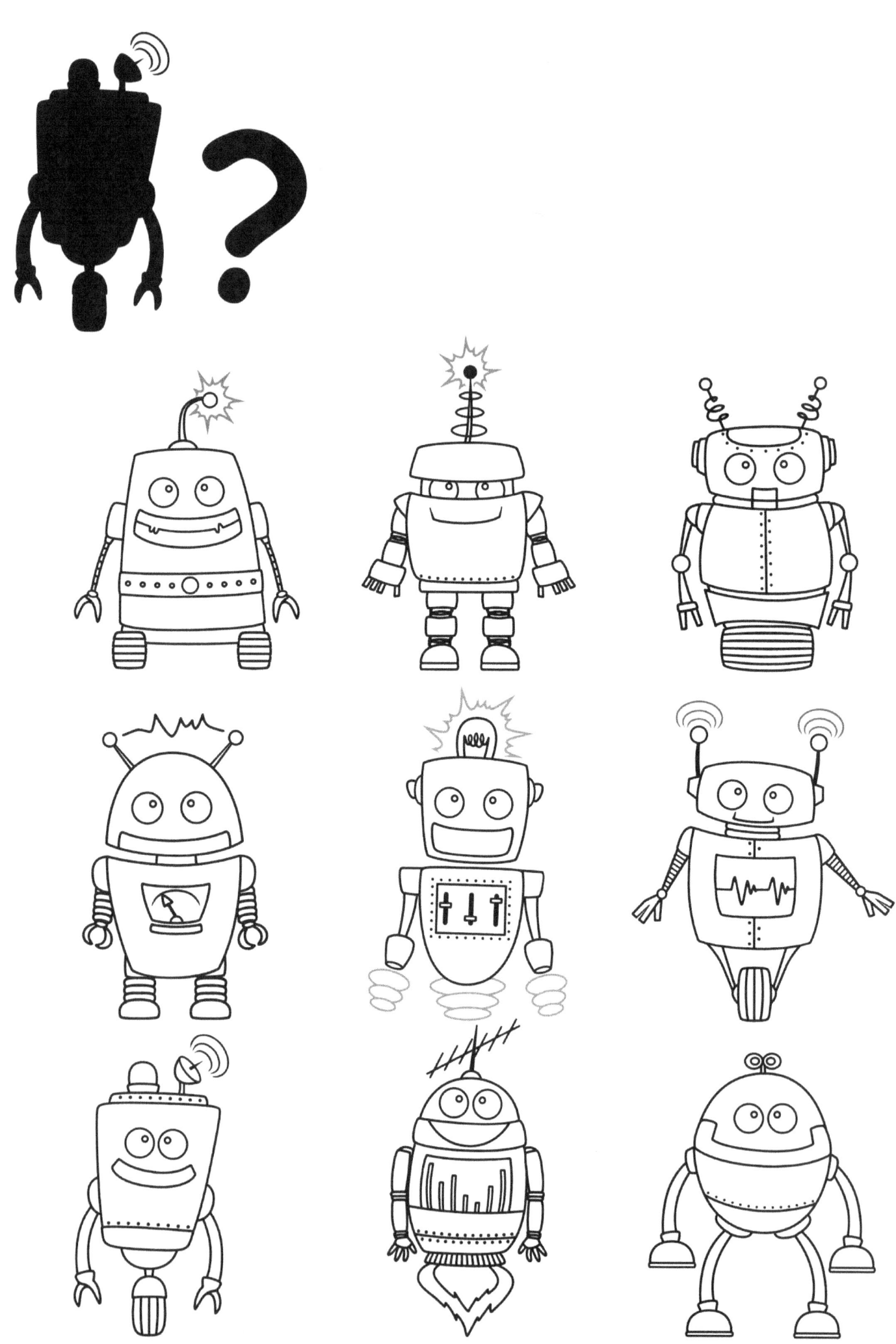

Addizione

Io addiziono

1) 3 + 2

2) 21 + 0

3) 4 + 5

4) 81 + 1

5) 3 + 1

6) 3 + 6

7) 4 + 4

8) 9 + 0

9) 5 + 3

10) 0 + 4

11) 10 + 4

12) 11 + 8

13) 1 + 4

14) 32 + 6

15) 28 + 21

16) 17 + 1

17) 61 + 3

18) 40 + 9

19) 50 + 2

20) 24 + 1

Addizione

Io addiziono

1) 10 + 3

2) 10 + 4

3) 3 + 3

4) 6 + 1

5) 21 + 7

6) 0 + 7

7) 63 + 1

8) 24 + 3

9) 8 + 0

10) 20 + 1

11) 32 + 3

12) 16 + 0

13) 10 + 7

14) 5 + 2

15) 11 + 0

16) 12 + 2

17) 11 + 0

18) 61 + 2

19) 13 + 6

20) 31 + 2

Addizione

Io addiziono

1) 30
   + 3
   ----

2) 12
   + 4
   ----

3) 52
   + 4
   ----

4) 54
   + 1
   ----

5) 37
   + 1
   ----

6) 30
   + 5
   ----

7) 63
   + 0
   ----

8) 26
   + 1
   ----

9)   31
   + 34
   ----

10) 31
   + 7
   ----

11) 52
   + 2
   ----

12) 44
   + 2
   ----

13) 64
   + 1
   ----

14) 81
   + 5
   ----

15) 30
   + 9
   ----

16) 22
   + 7
   ----

17) 46
   + 3
   ----

18) 42
   + 4
   ----

19) 12
   + 4
   ----

20) 48
   + 1

Addizione

Io addiziono

1) 53 + 22

2) 52 + 41

3) 12 + 15

4) 14 + 64

5) 37 + 41

6) 53 + 26

7) 53 + 30

8) 33 + 11

9) 45 + 10

10) 63 + 10

11) 48 + 50

12) 23 + 36

13) 47 + 12

14) 22 + 63

15) 64 + 23

16) 10 + 24

17) 26 + 31

18) 61 + 14

19) 51 + 31

20) 23 + 34

Addizione

Io addiziono

1) 63 + 33

2) 63 + 11

3) 10 + 37

4) 18 + 51

5) 80 + 12

6) 50 + 38

7) 18 + 70

8) 40 + 17

9) 42 + 44

10) 43 + 11

11) 63 + 24

12) 10 + 53

13) 20 + 37

14) 65 + 14

15) 15 + 13

16) 50 + 32

17) 13 + 55

18) 14 + 15

19) 62 + 32

20) 44 + 54

Addizione

Io addiziono

1) 36 + 62

2) 20 + 21

3) 37 + 51

4) 62 + 13

5) 52 + 41

6) 62 + 25

7) 75 + 10

8) 52 + 47

9) 27 + 60

10) 10 + 33

11) 50 + 44

12) 40 + 11

13) 10 + 84

14) 36 + 40

15) 60 + 32

16) 50 + 47

17) 55 + 21

18) 45 + 30

19) 66 + 20

20) 63 + 33

Addizione

Io addiziono

1) 21
  + 67
  ___

2) 43
  + 45
  ___

3) 25
  + 43
  ___

4) 56
  + 13
  ___

5) 20
  + 58
  ___

6) 12
  + 26
  ___

7) 20
  + 27
  ___

8) 14
  + 35
  ___

9) 48
  + 21
  ___

10) 24
  + 61
  ___

11) 27
  + 22
  ___

12) 32
  + 22
  ___

13) 55
  + 13
  ___

14) 25
  + 32
  ___

15) 55
  + 43
  ___

16) 15
  + 64
  ___

17) 62
  + 27
  ___

18) 27
  + 40
  ___

19) 35
  + 22
  ___

20) 54
  + 25
  ___

Addizione

Io addiziono

1) 43 + 10

2) 33 + 54

3) 37 + 40

4) 22 + 66

5) 23 + 63

6) 42 + 52

7) 52 + 15

8) 22 + 31

9) 18 + 11

10) 32 + 12

11) 51 + 34

12) 23 + 73

13) 80 + 15

14) 62 + 11

15) 33 + 45

16) 42 + 57

17) 40 + 55

18) 12 + 37

19) 52 + 37

20) 72 + 16

Addizione

Io addiziono

1)
```
  20
+ 24
```

2)
```
  12
+ 21
```

3)
```
  42
+ 23
```

4)
```
  40
+ 37
```

5)
```
  19
+ 80
```

6)
```
  30
+ 12
```

7)
```
  13
+ 66
```

8)
```
  33
+ 20
```

9)
```
  83
+ 13
```

10)
```
  26
+ 11
```

11)
```
  55
+ 13
```

12)
```
  33
+ 10
```

13)
```
  21
+ 30
```

14)
```
  36
+ 23
```

15)
```
  12
+ 40
```

16)
```
  35
+ 40
```

17)
```
  66
+ 10
```

18)
```
  29
+ 40
```

19)
```
  60
+ 16
```

20)
```
  18
+ 41
```

Addizione

Io addiziono

1) 31 + 34

2) 24 + 61

3) 52 + 42

4) 89 + 10

5) 10 + 17

6) 12 + 61

7) 24 + 75

8) 20 + 73

9) 43 + 15

10) 11 + 37

11) 46 + 23

12) 32 + 61

13) 18 + 31

14) 12 + 36

15) 51 + 17

16) 10 + 30

17) 45 + 11

18) 44 + 13

19) 63 + 24

20) 66 + 23

Sottrazione

Io sottraggo

1) 5 − 4

2) 5 − 3

3) 7 − 5

4) 6 − 3

5) 4 − 2

6) 7 − 2

7) 9 − 7

8) 7 − 6

9) 8 − 7

10) 8 − 5

11) 8 − 2

12) 8 − 1

13) 6 − 5

14) 5 − 2

15) 9 − 8

16) 8 − 3

17) 9 − 6

18) 6 − 4

19) 9 − 4

20) 4 − 3

Sottrazione

Io sottraggo

1) 9 − 3 = ___

2) 3 − 1 = ___

3) 8 − 6 = ___

4) 5 − 4 = ___

5) 8 − 4 = ___

6) 6 − 4 = ___

7) 5 − 2 = ___

8) 6 − 5 = ___

9) 7 − 1 = ___

10) 4 − 2 = ___

11) 9 − 1 = ___

12) 7 − 3 = ___

13) 6 − 3 = ___

14) 7 − 5 = ___

15) 9 − 7 = ___

16) 9 − 5 = ___

17) 9 − 2 = ___

18) 4 − 1 = ___

19) 8 − 2 = ___

20) 4 − 3 = ___

Sottrazione

Io sottraggo

1) 4 − 1

2) 5 − 4

3) 8 − 2

4) 9 − 6

5) 9 − 3

6) 6 − 1

7) 7 − 1

8) 6 − 5

9) 5 − 2

10) 4 − 2

11) 8 − 5

12) 5 − 3

13) 9 − 7

14) 8 − 4

15) 9 − 8

16) 6 − 3

17) 9 − 5

18) 8 − 1

19) 9 − 4

20) 4 − 3

Sottrazione

Io sottraggo

1) 6 − 1 =

2) 8 − 4 =

3) 8 − 3 =

4) 6 − 4 =

5) 4 − 2 =

6) 4 − 1 =

7) 5 − 4 =

8) 2 − 1 =

9) 7 − 4 =

10) 8 − 2 =

11) 7 − 2 =

12) 9 − 5 =

13) 3 − 2 =

14) 8 − 5 =

15) 5 − 1 =

16) 6 − 5 =

17) 9 − 8 =

18) 7 − 6 =

19) 8 − 1 =

20) 8 − 6 =

Sottrazione

Io sottraggo

1) 8 − 6

2) 3 − 2

3) 7 − 5

4) 3 − 1

5) 5 − 4

6) 7 − 3

7) 9 − 6

8) 8 − 4

9) 6 − 1

10) 6 − 5

11) 4 − 1

12) 9 − 1

13) 6 − 2

14) 6 − 3

15) 5 − 1

16) 7 − 1

17) 5 − 3

18) 8 − 1

19) 8 − 7

20) 9 − 8

Sottrazione

Io sottraggo

1) 8 − 1 =

2) 9 − 1 =

3) 7 − 6 =

4) 9 − 2 =

5) 5 − 1 =

6) 8 − 3 =

7) 9 − 3 =

8) 4 − 3 =

9) 7 − 2 =

10) 8 − 5 =

11) 7 − 1 =

12) 7 − 3 =

13) 9 − 6 =

14) 6 − 4 =

15) 3 − 1 =

16) 9 − 4 =

17) 8 − 4 =

18) 6 − 3 =

19) 6 − 1 =

20) 9 − 7 =

Sottrazione

Io sottraggo

1) 5 − 1

2) 9 − 4

3) 9 − 5

4) 5 − 2

5) 7 − 2

6) 8 − 7

7) 5 − 3

8) 4 − 1

9) 6 − 3

10) 8 − 2

11) 6 − 5

12) 9 − 7

13) 9 − 8

14) 7 − 5

15) 9 − 3

16) 8 − 3

17) 7 − 1

18) 6 − 2

19) 9 − 2

20) 2 − 1

Sottrazione

Io sottraggo

1) 8 − 2

2) 9 − 5

3) 5 − 3

4) 4 − 3

5) 7 − 1

6) 9 − 3

7) 9 − 2

8) 6 − 4

9) 8 − 1

10) 4 − 2

11) 2 − 1

12) 3 − 1

13) 5 − 4

14) 8 − 3

15) 6 − 2

16) 9 − 1

17) 6 − 3

18) 9 − 7

19) 8 − 6

20) 7 − 2

Sottrazione

Io sottraggo

1) 8 − 4

2) 8 − 7

3) 9 − 4

4) 4 − 2

5) 4 − 3

6) 8 − 5

7) 7 − 1

8) 7 − 5

9) 2 − 1

10) 7 − 2

11) 6 − 2

12) 6 − 3

13) 5 − 4

14) 9 − 7

15) 6 − 1

16) 3 − 1

17) 8 − 2

18) 9 − 2

19) 7 − 4

20) 8 − 6

Sottrazione

Io sottraggo

1) 8 − 3

2) 3 − 1

3) 6 − 4

4) 4 − 1

5) 9 − 2

6) 5 − 4

7) 3 − 2

8) 5 − 1

9) 8 − 4

10) 9 − 6

11) 8 − 5

12) 7 − 5

13) 6 − 3

14) 4 − 2

15) 8 − 6

16) 7 − 1

17) 5 − 2

18) 9 − 3

19) 7 − 4

20) 5 − 3

Numeri 1-100

1	uno	11	undici	21	ventuno
2	due	12	dodici	22	ventidue
3	tre	13	tredici	23	ventitré
4	quattro	14	quattordici	24	ventiquattro
5	cinque	15	quindici	25	venticinque
6	sei	16	sedici	26	ventisei
7	sette	17	diciassette	27	ventisette
8	otto	18	diciotto	28	ventotto
9	nove	19	diciannove	29	ventinove
10	dieci	20	venti	30	trenta
31	trentuno	41	quarantuno	51	cinquantuno
32	trentadue	42	quarantadue	52	cinquantadue
33	trentatré	43	quarantatré	53	cinquantatré
34	trentaquattro	44	quarantaquattro	54	cinquantaquattro
35	trentacinque	45	quarantacinque	55	cinquantacinque
36	trentasei	46	quarantasei	56	cinquantasei
37	trentasette	47	quarantasette	57	cinquantasette
38	trentotto	48	quarantotto	58	cinquantotto
39	trentanove	49	quarantanove	59	cinquantanove
40	quaranta	50	cinquanta	60	sessanta
61	sessantuno	71	settantuno	81	ottantuno
62	sessantadue	72	settantadue	82	ottantadue
63	sessantatré	73	settantatré	83	ottantatré
64	sessantaquattro	74	settantaquattro	84	ottantaquattro
65	sessantacinque	75	settantacinque	85	ottantacinque
66	sessantasei	76	settantasei	86	ottantasei
67	sessantasette	77	settantasette	87	ottantasette
68	sessantotto	78	settantotto	88	ottantotto
69	sessantanove	79	settantanove	89	ottantanove
70	settanta	80	ottanta	90	novanta

91	novantuno
92	novantadue
93	novantatré
94	novantaquattro
95	novantacinque
96	novantasei
97	novantasette
98	novantotto
99	novantanove
100	cento